走进科学世界丛书

ZOUJIN KEXUE

SHIJIE CONGSHU

数字化与人类未来

本书编写组◎编

世界图书出版公司

广州·北京·上海·西安

图书在版编目（CIP）数据

数字化与人类未来／《数字化与人类未来》编写组

编著．—广州：广东世界图书出版公司，2010.11（2024.2 重印）

ISBN 978－7－5100－1614－1

Ⅰ．①数… Ⅱ．①数… Ⅲ．①数字技术－青少年读物

Ⅳ．①TN－49

中国版本图书馆 CIP 数据核字（2010）第 008308 号

书　　名	数字化与人类未来
	SHUZIHUA YU RENLEI WEILAI
编　　者	《数字化与人类未来》编写组
责任编辑	左先文
装帧设计	三棵树设计工作组
出版发行	世界图书出版有限公司　世界图书出版广东有限公司
地　　址	广州市海珠区新港西路大江冲 25 号
邮　　编	510300
电　　话	020-84452179
网　　址	http://www.gdst.com.cn
邮　　箱	wpc_gdst@163.com
经　　销	新华书店
印　　刷	唐山富达印务有限公司
开　　本	787mm×1092mm　1/16
印　　张	13
字　　数	160 千字
版　　次	2010 年 11 月第 1 版　2024 年 2 月第 10 次印刷
国际书号	ISBN　978-7-5100-1614-1
定　　价	49.80 元

前　　言

　　在这个科技日新月异的时代，人类的生存已经越来越复杂而又简单，生活的工具越来越复杂，生活的方式越来越简单，数字化、智能化的工具已经慢慢充斥我们生活乃至生存的每一个角落。从日常生活到工业生产，从普通的吃穿住用行到航空航天发展大业，无时无刻的不是依靠着数字化的辅佐。

　　既然说生存，也就是在生活的各个角落都存在着必需，又不仅仅是生活，离开数字化似乎已经无法生存，逃离了网络就会失去了与别人沟通的机会，远离了数码电视、数码相机就不能感受到千变万化的社会大潮。这本书从我们身边的一点一滴说起，逐步地扩展开来，由浅入深地把数字化的影响深入到整个社会、各个行业，广泛地叙述到我们所能触及的大众化的信息中去，简单而又充实地说明数字化的发展和对人类未来的关系及影响。

　　下面介绍一下本书的所涉及的数字化生存之道和数字化的各种应用。

　　第一章讲述了数字化的一些基本信息，告诉大家什么叫数字化，数字化不是大家能够直接摸得着的，也不是能直接看得见的，但是又确切地在我们身边。

　　第二章从身边的生活简单地说出了身边的数字化。当我们用上一台新电视或者是看上更清晰的电视节目时，很少会想到这是数字化的伟大创造。而这是很好理解的，原来是一个小小的机顶盒，将信号放大和转化，从模拟信号转变到数字信号的，从数字信号转换成我们喜爱的电视节目。越来越新颖的手机，越来越便捷的居住环境，甚至越来越可口的饭菜都包含了数字化的力量。怎么样,数字化确实是存在生活的每个角落吧?

第三章讲述的是在工农业生产中的各种数字化。无人操作的机床给了我们安全的生产环境,还为我们创造了更多的财富,节省了宝贵的时间;新鲜的蔬菜不再是农民伯伯风吹日晒的浇灌,而是辛勤智慧的数字化创造;在企业,作为一个厂长或者经理要管好一大摊子事儿确实不容易,有了数字化的管理手段,终于能够在更大程度上去发挥企业管理者的更多聪明才智,创造更大的效益。

第四章说到我们的学习。相信每天上学放学大家都会疲倦,待在家里也能学习那该多好啊,未来的教学或许不再需要这么多教室,或许不需要辛苦地跑到学校,甚至想什么时候学都可以,养足了精神全身心地学习肯定会有不同的效果。

网络总会给我们意外的惊喜。第六章从我们身边的网络发展和延续中去发现、去享受网络给我们带来的便利,随时随地地幸福冲浪。

第六章站在艺术的角度,数字化的艺术给我们非同凡响的视听享受,心爱的动画片,颇具震撼效果的动作大片,奇幻莫测的科幻场景,以及传统的文化传承,多姿多彩的舞台效果都给了我们数字化的艺术效果感受。

第七章把我们手里的钱数字化,存起来的,花出去的,每天计划的都是数字,用数字购物似乎听着不可思议,看了本书你就会知道,不用拿着钱逛商店,想要买的东西一样能拿回家。

航天事业是神秘的,军队又是令人向往的。第八章将会讲述数字化装备在航天和军事领域的应用。讲述各种各样的卫星的神奇作用,讲述数字化部队的超凡战斗力。

最后一章站在整个人类社会的立场上,把数字化充分地融入到人类社会,从中我们可以看到人类未来生活中、工作中、学习中等无处不在的数字化应用,如临其境地体会到数字化对人类社会变革的奇妙……

最后,再次感谢大家的大力支持,感谢为本书提供宝贵资料的朋友,由于精力有限,时间仓促,书中难免有不尽之处,多请雅正!

目 录
Contents

数字化的渊源与发展

你知道什么是数字化吗

　　数字化就是将许多复杂多变的信息转变为可以度量的数字、数据，再以这些数字、数据建立起适当的数字化模型，把它们转变为一系列二进制代码，引入计算机内部，进行统一处理，这就是数字化的基本过程。另有一种说法是数字化将任何连续变化的输入如图画的线条或声音信号转化为一串分离的单元，在计算机中用 0 和 1 表示。通常用模/数转换器执行这个转换。

数字化时代的家庭生活

　　当今时代是信息化时代，而信息的数字化也越来越为研究人员所重视。早在 20 世纪 40 年代，仙农（香农）证明了采样定理，即在一定条件下，用离散的序列可以完全代表一个连续函数。就实质而言，采样定理为数字化技术奠定了重要基础。

数字化技术的重要性至少可以体现在以下几个方面:

数字化是数字计算机的基础。若没有数字化技术,就没有当今的计算机,因为数字计算机的一切运算和功能都是用数字来完成的。

数字化是多媒体技术的基础。数字、文字、图像、语音,包括虚拟现实、可视世界的各种信息等,实际上通过采样定理都可以用 0 和 1 来表示,这样数字化以后的 0 和 1 就是各种信息最基本、最简单的表示。因此计算机不仅可以计算,还可以发出声音、打电话、发传真、放录像、看电影,这就是因为 0 和 1 可以表示这种多媒体的形象。用 0 和 1 还可以产生虚拟的房子,因此用数字媒体就可以代表各种媒体,就可以描述千差万别的现实世界。

数字化是软件技术的基础,是智能技术的基础。软件中的系统软件、工具软件、应用软件等,信号处理技术中的数字滤波、编码、加密、解压缩等等都是基于数字化实现的。例如图像的数据量很大,数字化后可以将数据压缩至 10 到几百倍;图像受到干扰变得模糊,可以用滤波技术使其变得清晰。这些都是经过数字化处理后所得到的结果。

不过在声音处理方面就见仁见智了。有人认为对声音数字化就是把声音搞得支离破碎,破坏了声音的连续美。所以 CD 的音质即使使用电子管放大器也比不上黑胶唱片。

数字化是信息社会的技术基础。数字化技术还正在引发一场范围广泛的产品革命,各种家用电器设备、信息处理设备都将向数字化方向变化。如数字电视、数字广播、数字电影、DVD 等等,现在通信网络也向数字化方向发展。

数字化是社会经济的技术基础,有人把信息社会的经济说成是数字经济,这足以证明数字化对社会的影响有多么重大。

数字信号与模拟信号相比,前者是加工信号。加工信号对于有杂波和易产生失真的外部环境和电路条件来说,具有较好的稳定性。可以说,数字信号适用于易产生杂波和波形失真的录像机及远距离传送使用。数字信号传送具有稳定性好、可靠性高的优点。根据上述的优点,还不能断言数字信号是与杂波无关的信号。

数字信号本身与模拟信号相比，确实受外部杂波的影响较小，但是它对被变换成数字信号的模拟信号本身的杂波却无法识别。因此，将模拟信号变换成数字信号所使用的模/数（A/D）转换器是无法辨别图像信号和杂波的。

例如，在模拟摄像机里，需要使用100个以上的可变电阻。在有些地方调整这些可变电阻的同时，还需要调整摄像机的摄像特性。各种调整彼此之间又相互有微妙的影响，需要反复进行调整，才能够使摄像机接近于完善的工作状态。在电视广播设备里，摄像机还算是较小的电子设备。如果摄像

数字摄像机

机100%的数字化，就可以不需要调整了。对厂家来说，降低了摄像机的成本费用。对电视台来说，不需要熟练的工程师，还缩短了节目制作时间。数字信号易于进行压缩。这一点对于数字化摄像机来说，是主要的优点。

计算机与通信技术的结合，使得通信技术产生了一次引人注目的飞跃，标志着现代信息技术的出现。新型的通信技术已从传输模拟信号变化为传输数字信号。现在，数字电话、数字程控交换机已经广泛应用于各行各业。新型的数字通信技术已经代替了老式的模拟通信技术。从技术原理上看，数字通信技术以计算机信息处理为基础，把语音、文字、图像等多种类型的信息变为数字编码，通过由无线电台、光纤通信、卫星通信等多种传输手段和媒体组成数字化通信系统，可以实现快速、实时的信息传输、处理和交换。

数字化并不等同于信息化

如前文所述，数字化是信息社会的技术基础。首先来了解一下信息和信息化。信息在我们的生活、工作、学习中频频出现，可谓无所不在、无所不为。通俗的说，信息就是指各种各样的消息、资料、知识。观日出月落、受风雨冷热晒、听铃声、看红绿灯、报纸广播电视、听讲说话、写文章、作

信息数字化

画等等，包括人的一切活动，就是在进行信息的获取、处理、传递、存储。可以说我们时刻都在进行信息的交换，如果没了信息的交换，人类将失去生存的基础，更谈不上社会的发展。所以，科学家们把信息、物质和能量一起称为人类社会存在发展的三大要素。

信息化是指培养、发展以计算机为主的智能化工具为代表的新生产力，并使之造福于社会的历史过程。（智能化工具又称信息化的生产工具。它一般必须具备信息获取、信息传递、信息处理、信息再生、信息利用的功能。）与智能化工具相适应的生产力，称为信息化生产力。智能化生产工具与过去生产力中的生产工具不一样的是，它不是一件孤立分散的东西，而是一个具有庞大规模的、自上而下的、有组织的信息网络体系。这种网络性生产工具将改变人们的生产方式、工作方式、学习方式、交往方式、生活方式、思维方式等，将使人类社会发生极其深刻的变化。

人类的出现，从生命体自身就有对信息的依存要求，人类群体的活动贯串着信息的摄取、传递、储存、加工和处理，因此，人类的进化过程也

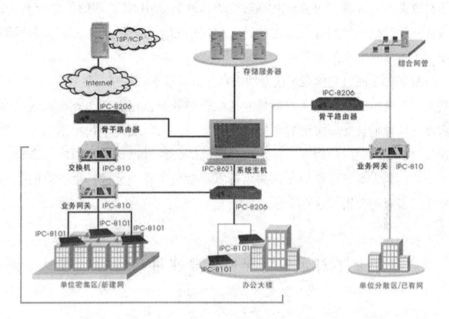

数字化网络

是人类信息活动的演变史。人类的信息活动经历了 5 个不同的时期：①最初是语言时期，信息活动主要靠自身器官的感觉、声带发音、脑的思维来实现；②文字产生后，信息以符号形式出现，信息的获取、传递、存储超脱了人生理机能的局限，活动范围扩大，时间上可以世代流传；③印刷术的发明，信息的传递、存储变革为印刷物的出版发行，其方式和范围均是信息技术的一次突破；④电和电磁波的发现，使信息活动的面貌有了根本性变化，以电的形式出现，产生了近代信息技术、电报、电话、传真、广播、收音、电视的电磁讯号替代了语言、文字、图形，传递信息的形式从邮政书信转变为广播通信，信息的存储形式代之以磁带录音录像；⑤20 世纪 60年代以后，电子计算机的出现，与通信技术的结合产生了电子信息技术，人类实现了第五次信息变革，进入了数字化的信息社会。

　　托马斯先生在他的著作中进行了解释，推动数字化和信息化的发展，这是奠定基础。过去的 500 年间，哥伦布沿着航海，发现地球是圆的，现在地球变成了小圆和一个平台，这就是推广数字化和信息化的基础。在今天正在形成三大汇合，第一个驱动力正在汇合在网络上，因此数字化解决了信息资源的可加速、可管理，都转化为标准的 0101 可管理的信息标准化，这并不是信息化的所有，真正的转化起作用的，所有的推动力汇合在网络上，才可以将整个的信息社会完成。

数字化＋网络化构成了信息的内容，也是根本的基础。在 20 世纪 90 年代初不断推出的数字化才慢慢地发挥综合的效应，还有社会应用和认可的程度。这种汇合是很关键的。托马斯先生说，在印度一个很小的地方，之所以可以赚取美国的财富，一个很小的捷达公司可以将廉价的汽车卖给一个退休的老太太，这样的作用是由计算机和数字化完成的，更重要的是由网络将所有的要素连接在一起。

微电子技术对于数字化的重要作用

由于微电子技术相对于传统电子技术表现出的卓越性能，使得方寸芯片创造了数字化的奇迹。最早产生于 21 世纪的头 10 年里的传统电子技术，它以真空电子管为基础元件。电子管的体积大的像只萝卜，小的如花生大。以电子管为核心元件产生了广播器械、收音机、电视机、无线电通信、自动化技术、仪器仪表和第一代计算机。40 年代末，半导体崭露头角，制成的晶体二级管、三极管，取代了电子管。由于晶体管体积大大缩小，大的也不过像豆粒，小的只有芝麻粒大小，使各种电子设备的体积大大小于真空管元件的设备。作为第二代的晶体管计算机，与第一代电子管计算机相比，体积、重量、耗电量都大为减少。例如在 1946 年出现的世界上首台电子计算机，是用电子管制造的，其 1.88 万只电子管、1 万个电阻、1 万个电容连同 1500 个继电器及其他器件，总体积约 90 多立方米，占地 150 平方米，重达 30 吨，耗电量为 150 千瓦，要用 30 多米长的大房间才能放下，而具备相同功能的第二代计算机则只需占用两只衣柜大小的空间。晶体管广泛的应用和制造工艺的发展，启发人们，要想实现电子电路的微小型化，可以像制造晶体管那样，在一块半导体材料硅片上，既要制成许多晶体二极管、三极管，也要将构成电路所需的大量电阻、电容、电感等元件一起制备出来，以形成具有一定功能的整体系统。经过 10 年的发展，到 50 年代末，集成电路问世，标志了微电子技术时代的开始。集成电路促使电子计算机发展到了第三代，其体积缩小为第二代的 1/10，可靠性提高 10 倍，运算速度比第二代的每秒二三百万次提高了 10 倍，价格却降至 1/10。今天用集成电路制成的像手掌一样大小的袖珍计算器，就完全能够完成前面介绍的那台庞大的电子管计算机所完成的计算。

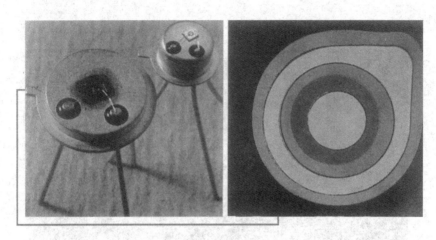

晶体管

可见，微电子技术与传统电子技术相比，不仅在于使电子设备和系统微小型化，更深刻的是引发了电子设备设计、制造工艺的大变革。设计的目标不是单个元器件，而是整体系统；制备上转变为把组成电路的元件和互连线，都集成在基片的内部、表面或基片之上。微电子技术以其独特技术实现了在微小范围内，高速度完成容量很大的工作，从而为数字化时代的到来创造了优越的条件。

人脑的创造和延伸

数字化的工具电脑是计算机的俗称，就其计算、信息处理和控制三大基本功能，以及工作过程而言，这不失为一个非常得体的称呼。

电脑是为满足人类知识日益增长的要求和社会信息化的需要，由人类创造出来的工具。它既是计算能手，又有超人的记快力和相当强的判断能力。如同人类创造的其他各类工具，它们分别是人类双手、双眼、双耳、双腿的延伸一样，计算机作为代替人脑的部分功能，用于信息加工，成为数字化的工具，它是人类大脑的延伸，在人的指挥下，"模仿"人的感觉和思维。那么，它是怎样成为我们数字化及人类生活的帮手的呢？

数字化工具计算机显示器屏幕

　　像人的大脑一样，生理结构决定其功能。电脑要充当人脑帮手，也要有其"生理构成"。通常它由"硬件"和"软件"两部分组成。二者软硬兼施，互相依存，缺一不可。

　　就像用算盘做数值运算一样，电脑做计算也有个叫运算器的部件。不过它又不仅做数据运算。从信息的角度讲，一个数就是一个信息符号（科学的说法叫信息载体），它或者是物体的数量、速度、温度，或者是事物间所具有的逻辑关系等等。所以在做数值运算时，也就是在对信息进行加工。因此，运算器也是信息加工的部件，是信息数字化的中枢部件。

电脑的运算是用"二进制"进行的，而不是通常用的十进制。二进制数由两个表示数的符号"0"和"1"（读作"幺"）组成。为什么要这样呢？在电子元器件工作时，有两种状态最容易实现，也最稳定。如电灯的"开"和"关"、晶体管的"通"与"不通"、电容器的"充电"与"放电"。它们都可用来表示二进制数，如上列的"开"、"通"、"充电"状态表示"1"；相反的，另一种状态表示"0"。由此来组成电脑可认识的二进制数。又依据科学家对人的计算思维、逻辑思维过程的分析结论认为，无论多么复杂，这两种思维的进行过程都能以"0"与"1"二值依一定规律组合表示出来。就是说二进制数可用于人类的计算判断和逻辑思维。这样一来电脑也就有了判断功能，运算器作数据运算，也是在进行逻辑运算。不过这时"1"代表逻辑思维中的"肯定"，"0"就该代表"否定"了。二进制也是一种进位计数制，它是逢2进1。计算机内的运算是按2进制运算的，而最终这些数字结果是以人们熟悉的信息形式显示给人的，所以不必为不习惯二进制而不敢使用电脑。

运算器只管计算，计算的数从何处来？做加法还是做除法？或者是就比较、判断做运算？算出的结果送哪里？指挥协调诸如此类的各项工作需要设个司令部，这就是控制器。计算机各部分工作就由它发出一系列控制信号来指挥完成数字化操作的。

现代的计算机，通常把运算器和控制器都做在一块集成电路上，总称中央处理器（缩写为CPU），是硬件的核心部分，它的提高和发展是电脑升级换代的标志，其性能反映电脑的性能。电脑的所有动作都必须由它协调指挥，而协调指挥是以发出各种操作命令（简称指令）的形式来实现的。所以CPU的主要功能就是执行"指令"。如"取数"、"加"、"减"、"存数"、"比较"等等数字化过程。

CPU所能执行的所有指令，总称为这台计算机的指令系统。系统包含的指令通常有几十种到几百种。实践表明，常用的也不过100来种，因此，从实用性来看，电脑只要有一个相对精简的指令系统就行了。系统简单，就可以减少执行指令的时间，提高电脑处理速度。这是当今发展的一种趋向。

度量CPU性能最重要的指标是运行速度，即看它每秒能执行多少条数字指令。现代生产的巨型计算机，有的运算速度已达每秒1万亿次以上。现代CPU为了提高速度，有的在一个CPU中设计进若干个执行指令部件，使CPU能同时并行地执行若干条指令。有的为了提高电脑的处理速度，

中央处理器（CPU）

在一台电脑里装入若干个CPU使之协同并行地工作。

度量CPU性能的另一项指标是字长，即电脑内的数据由多少个二进制位构成，如微机有8位机、16位机、32位机；大型机为64位机。字长越大，进行数值计算的精度越高，代表的信息量越多。

电脑的各种计算是自动进行的，自动化的运作源于内部存储着大量处理事件的程序。程序是按某种目的要求，用电脑接受的"语言"编排的一串指令，输入并存储于电脑，电脑就能按人的意图，自动地依规定的顺序逐条执行其中的指令，达到解决某个问题的目的，最后输出结果。所以执行电脑系统中的各种程序，就能使电脑的各种计算自动化。这也正是CPU的主要功能。程序、数据、结果（无论是中间的，还是最终的）都要有个存储的地方，这就是主存储器。它也是大规模集成电路，其内部宛若一个大仓库，排列着等大的格子用来存储待处理的各种信息。信息一经存入某个格子，一般不会丢失，所以存储器如同电脑的备忘录，需用时即可由CPU调出。

存储器的容量就是电脑存储信息量的大小，是电脑性能的又一个重要指标。通常用 8 个二进制位为一个单位来计算容量，取名为字节。把 1024 个字节（即是 1024 × 8 = 8192 个二进制位）叫做 1K 字节。电脑的主存（内存）愈大，处理信息的能力就愈强。现代微型电脑的内存，已是以兆（M）字节计，1M = 1000K，如 4M、8M 等。存储容量大了，要高速运算，还要求存、取数要快，所以存数和取数的时间是存储器的另一主要性能指标。过去常以百万分之一秒（即微秒）为单位，现在已发展到十亿分之一秒（即纳秒）做单位。

电脑要为人所用，还要配有将信息输入电脑的设备，如键盘；也还要将电脑处理后的结果记录下来或显示出来的设备，如打印机、显示器。输入输出设备统称外设备。外设备与中央处理器、存储器的衔接上要有输入/输出接口。处理器、存储器和接口总称为主机。

主机配以键盘、显示器、磁盘驱动器等外部设备组成了计算机系统。

以上构成计算机的集成电路和外部设备都是计算机的硬件部分；计算机系统中所有的程序及其使用说明的总和称为软件。硬、软件都是计算机的资源，它们是一种相互依存的关系，硬件是物质基础，软件的运行才使硬件"活"起来。像演出一台戏，戏院和舞台是硬件，

计算机应用系统

剧本是软件，软件的运行是在台上表演出的一幕幕动人的剧。一个舞台上可以演出各具特色的戏，一台计算机上也可以兼容各样的软件。

11

数字化遍及人类社会各个角落

随着计算机与网络的普及，数字技术正在改变人类所赖以生存的社会环境，并因此使人类的生活和工作环境具备了更多的数字化特征，也带来了人类生活和工作方式的巨大变化，这种由数字技术和数字化产品带来的全新的更丰富多彩和具有更多自由度的生活方式称之为"数字化生活"。

在我们今天的生活中，数字支撑人类存在的现象已经初露端倪。我们身边所有稍稍复杂的电器设备和机械设备，哪一件不大量使用数字化逻辑电路芯片？生活中的日用必需品，从简单的收音机、报时钟、厨房设备，到复杂些的电视机、洗衣机、电冰箱、空调器……，生产活动中的各类运输工具，大中小所有先进的机械加工设备，先进的农业工具，还有医疗设备……我们已经把非常多的控制权交给了数字，让流动的信息成为我们人类生存的重要组成部分和运行基础。

电脑芯片

30年前，无法想象通过数字传呼机在很短时间内找到我们急需联系的朋友，20年前我们大多数普通百姓也无法想象依靠手机能够随时跟另一位同样拥有手机的亲人瞬间实现通话联系，而在今天，不少家庭已经可以通过数字视频电话看到在大洋彼岸读书的孩子活泼的笑容和蓬勃旺盛的精神。传呼机、双向传呼机、手机、IP电话、数字视频电话，这些完全建立在数字技术基础上的现代通讯工具使广漠的地球正变成为触手可及的社区，使无限遥远的空间距离瞬间化为乌有。

　　20世纪70年代末出现的广播电视大学，通过广播和刚刚开始普及的电视网，让千百万渴望学习、渴望深造的中国青年圆了自己的大学梦。依靠校园网络，依靠Internet，依靠正在普及的家庭电脑使传统教育正在发生质的改变。

传呼机

　　在我们日常生活的各个方面，数字化、信息化早就在悄悄渗透，CD唱机和唱片几乎是城市家庭家家必备的娱乐设备，数字式摄像机、数码相机、数字录像机、数字录音机已悄悄在我们生活中出现。厨房里使用的电冰箱、微波炉、电子橱柜，甚至燃气炉灶的里边，都有大量数字芯片在替我们操作和控制，洗衣机、空调机的控制系统，也早就不是机械式控制器，几乎所有家庭电器都带有的红外线遥控器，也都发射着由0和1构成的数字信号。

　　最直接的信息电器，莫过于家用电脑。个人电脑还有跟随电脑而来的打印机、扫描仪、数字摄像头等外部设备，还有跟今天的电脑紧密相随的Internet，数字化设备已经在我们的日常工作和生活中快速展开，人类已经在对新技术新设备欢欣雀跃的尝试和使用中，不知不觉踏进了信息化生活的大门。

　　电脑的数字化处理信息可概括为人们进行各种活动所需要的知识。信息处理是指对数据进行收集、记载、分类、排序、检索、存储、计算或加工等处理，从而使有效的信息资源得到充分合理的利用，以获取控制决策性的信息作为信息处理的最终目地。它具有输入、输出数据量大而计算简单的特征。

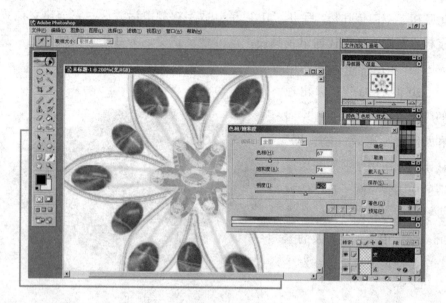

计算机图像处理

图像处理是计算机数字化信息处理的分支之一。如地球资源卫星将数量惊人的含有地质矿物、天文水力、气候气象、环境污染等方面的图像运回地面，利用计算机所具有的快速运算、逻辑判断、控制选择和记忆等特点，进行信息加工和处理，一般来说，原始图像要经过多种复杂的处理操作，才能获得有用的信息。清晰度要求越高，处理的数据量也就越庞大，如此繁重复杂的图像分析工作，人力根本无法胜任，据统计资料表明，在1亿次/秒的计算机上处理一张遥感照片，粗略处理要花100秒钟，精细处理需要3天，有时甚至是1个月的时间。

打造电子商务平台。互联网在"数字化"中扮演着重要的角色，信息的传送、交流、发布都离不开它。商务信息化是"数字化"建设的重要内容之一，电子商务则是商务信息化的"先遣部队"，有着广阔的市场发展前景。根据调查统计，73.9%的网民"经常浏览"或"有时浏览"电子商务网站，只有2.8%的人"从来不浏览"，有31.9%的网民最近一年内曾通过网络商店购买过商品或服务。以上数据显示电子商务正在蓬勃的发展中，是信息市场上的一块巨大的"蛋糕"，也是加速数字化生活的新的商业模式。

以天气预报为例，将使用定向天线、气象卫星接收的大气状况云图，及气象雷达、气球和地面上各种观测仪器所获得的资料，输入计算机进行信息数字化综合分析，从而获得较为准确的天气预报。

还有银行系统已采用计算机数字化记账、算账，将成千上万的会计、出纳、审核员从繁琐枯燥的计算中解放出来。现在由东京至纽约、巴黎等地间支付一笔账目，仅需要1分钟。不少图书馆已实现了图书检索的自动化，查书目、借书、查资料全部由计算机完成。

20世纪50年代初期，人们开始利用计算机实施自动控制。开始它仅被用于尖端项目，用来控

自动提款机

制喷气飞机、导弹、人造卫星、宇宙飞船的飞行。70年代以大规模集成电路为基础的微型计算机问世以后，计算机被广泛用于生产过程中的自动控制。计算机将特定的外部设施与被控对象及由被控对象产生的信息数字化处理，如炼钢炉的加料、炉温、冶炼时间等信息输入计算机中及时加工处理，然后通过屏幕显示向操作人员及时发出指示如加料、降温，从而实现生产的自动控制。用于自动控制的计算机对速度及可靠性要求很高，操

作不当会造成大批不合格产品，甚至会造成设备事故及人身伤亡。但与此同时它又是高效的，例如一台年产 200 万吨标准带钢的热轧机上产量一般不容易达到 500 吨/周，若采用计算机数字化自动控制产量可达到 50000 吨/周，效率提高 100 倍，且产品质量及设备利用率都大为提高。

数字化的自动控制手段还被广泛地用于日常生活，如自动售货机、收款机、自动提款机、自动报警防盗系统等，给人们的生活带来了极大的便利。

在"沙漠风暴"的军事行动中，"爱国者"号防空系统中，由计算机数字化自动控制的相控阵雷达和计算机制导的导弹，有效地拦截了"挑战者"号的偷袭，为海湾战争的胜利建立了奇功。

由此可见，随着高科技浪潮的到来，计算机将数字化会渗透到各个领域，使人无处不感受到由它带来的便利。

数字化将为人类创造更美好的未来

如今，越来越多的信息领域都在普及数字技术，人们会想，所有的信息都实现了数字化时，情况会怎么样呢？

将一切东西数字化是一个更简单的概念。不久以后，随着计算机体积越来越小，能力越来越强，价格越来越便宜，任何比盆盆罐罐复杂的东西都可以装上电脑。

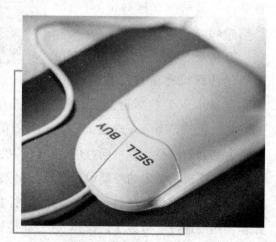

IT 生活迎面而来。英特尔公司最近指出，信息技术是按一个一个浪潮发展的，即使整个信息技术产业受益的因特网浪潮后，下一个促进信息技术

IT 商务时代

产业发展的大浪潮将是以办公室和家庭数字化为主要内容的数字生活方式。

时下办公室正趋于数字化。通过采用嵌入式信息技术，可以使企业的信息技术设备自动发现和修复故障，通过采用双核处理器芯片，可以进行多模式通信，举行多地点、多屏显示的视屏会议，还可以同时进行多任务处理和对日常工作任务实行自动化处理；通过采用无线连接技术，使用户不论在何处都能上网等。

家庭数字化是另一个庞大市场。现在，许多厂商是以开发新的数字化家庭功能来争得更大的市场份额。通常，以娱乐电脑为中心的数字家庭设备应该是专门为客厅设计的，它应噪音小，能输出高清晰度的影像和多声道的音乐，播放电影、音乐和图片，进行数字录像、上网和玩游戏。

英特尔发布的娱乐电脑平台，旨在有助于帮助电脑厂商推出娱乐电脑。它集成了音频、视频设备的功能和高端电脑的性能，只需一个遥控器就能操纵，使用户能享受包括电影、音乐和录制电视节目在内的数字娱乐。

17

数字化先锋 Intel

数字城市机遇来了。数字化家庭的前提是"数字城市",而"数字城市"正在孕育巨大的市场空间。据预测,今后15年我国城市数目可望达1000个以上,城市信息化水平将达到50%左右。显而易见,利用信息技术及相关活动改造和发展一切领域的城市信息化建设又将迎来一个发展的好机遇。

事实上,信息化作为当今世界经济和社会发展的一大趋势,已被许多国家作为发展国民经济的基本方针,"数字城市"不仅已经成为当前城市信息化建设的热点,而且"数字城市"正在孕育巨大的市场空间。这些大、中、小城市的规划、建设、管理和公众服务系统必将对信息技术的应用提出广泛而又迫切的需求,这些工作都必须依赖于城市数字化工程的研究成果的应用和支撑。毫无疑问,信息化投资将为我们提供一个稳定的巨大的产业空间。当信息化旋风席卷越来越多的城市之后,人们所憧憬的数字生活带来的必是数字时代新的商机。

人类未来日常生活的数字化

穿衣也有"指数"

人类的经济生活，从"穴居时代"结束以来，经历了4个发展阶段：农业经济、工业经济、服务经济和体验经济。第四个发展阶段——"体验经济"所追求的最大特征就是消费和生产的"个性化"。有些经济学家把它视为"第四产业"，其产业特征便是"大规模量身定制"（mass-customization，简称MC）。

传统经济中，商品或服务的多样性（richness）与到达的范围（reach）是一矛盾。大众化的商品总是千篇一律，而量体定制的商品只有少数人能够享用。现代数字化服装技术的发展改变了这一切。服装企业现在能够以较低的成本收集、分析不同客户的资料和需求，通过灵活、柔性的生产系统分别定制。大规模量体定制生产方式将使给每个客户带来个性化的商品和服务成为可能。

整个产业的发展，很大程度上使促进消费成为一种可能，消费繁荣的结果，是使城市经济的发展有了进一步的动力。

另一方面，随着社会经济的发展，物质生活水平的提高，人们对于精神和文化的需求在不断升级，服装的属性中与人的自我认知、精神面貌以及文化品位有着千丝万缕的关联，人们越来越拒绝一成不变，喜欢推陈出新，拒绝人云亦云，喜欢个性张扬。个性化商品与服务时代已经来临。

服装数字化技术也将整个商务模式搭建得"天衣无缝"，从三维扫描系统数秒内获得全方位的人体尺寸数据，到 CAD 样板的 MTM（单量单裁）自动修正，到单片裁床的自动裁剪，到服装的实时 VTO（虚拟展示），到服装 PDM（产品数据管理）。

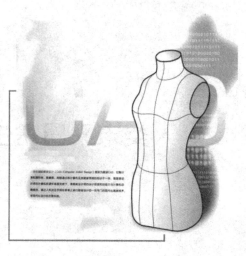

数字化服装设计

可是肯定地说，整个时尚产业的发展，绝对是与城市经济发展同步。

20 世纪，米兰时尚中心的形成改变了意大利仅为法国服装加工国的地位；纽约时尚产业的发展，使美国从欧洲时尚的大买家，转变为世界时尚中心之一；巴黎作为老牌国际时尚中心的辉煌维护了法国时尚帝国的地位。上海呢？作为中国国际时尚城区，中国服装产业科技研发中心之一，需要大大提升其产业的技术含量和竞争力，不仅引领技术推动商业的成功模式，充分发挥其龙头的辐射功能。

数字化时代的到来，计算机与网络信息技术渗透、影响到我们生活的各个方面，服装业也发生着巨大的技术革命，计算机的广泛应用以及网络技术的飞速发展改变和影响了服装生产流程中的各个环节，其中不容忽视的是三维人体扫描技术。

对真实物体的三维形态进行抓取的一般技术在过去 10 年已有发展。然而，只是在过去的 5~6 年间，硬件工业才开始重现三维人体扫描仪的开发，降低生产成本，使其在价格上能被接受的同时保持性能稳定，用户界面友好且能产生高质量清相反度的三维人体模型，以便运用在各种商业应用方面。

可以这样认为，如果对于人体体型特征进行科学量化分折之后，将样板变化的若干规则设置到 MTM 系统中，那么提供合身的一套定制服装从理论上来说 4 小时即可完成，这在传统服装定制需要 2～3 个月的概念当中恐怕是难以想象的。

所有这一切之所以成为可能，必定是与整个社会经济发展紧密联系的。

三维人体扫描技术在服装工业中的最大功用在于快速准确收集大量的人体数据，基于此进行人体体型特征提取与分折。在国外正利用该技术进行大量人体测量项目，如英国 SIZEUK 项目测量了 11000 人体数据，而美国 SIZEUK 项目则在 13 个城市测量了超过 10500 人体数据。

相比之下，国内的这种认识似乎还比较淡漠，尽管有些企业抱怨服装标准不够标准导致了服装的不合体现象，但也不愿意专门投入精力和资金进行人体体型研究，而期待学术机构能给出一套可行的技术方案。而学校或者研究机构给企业提供技术方案的前提是搜集大量的人体数据进行统计分析，这需要耗费相当大的资金，学术机构往往只能望洋兴叹。所以，服装企业应当有共享意识，联合起来建立中国人体体型数据库，才能真正从技术领域规范服装行业标准，更好地为客户服务。

饮食也要数字化

俗话说"民以食为天"，中国是一个非常注重饮食文化的国家，饮食文化源远流长，已经形成了一种独特的第三产业。大家到饭店去吃饭第一件事当然是点菜了，从给顾客菜单、点菜、记下顾客所点的菜肴等一系列的程序后，顾客就在座位上慢慢地等待了。

虽然这段时间不算很长，但还是有些顾客想快点填饱肚子的。为此应运而生的数字化点餐系统就派上了大用场。餐饮业的"数字化"发展是趋势，饮食信息化管理是指针对餐饮企业的所有环节采用信息手段进行整合，从预订、接待、点菜、菜品上传到厨房分单打印、条码划菜、收银、经理查询等全方位计算机管理信息系统。目前餐饮市场上使用的餐饮信息化管理系统大致有手工单据集中上传、PDA 点菜和 IC 卡手持点菜等三种

21

类型。餐饮的信息化管理在改造流程、强化管理、降低成本、堵漏节流等方面已开始发挥巨大作用。餐饮的信息化管理系统由计算机可以控制整个流程，从客人进酒店起，到客人离开酒店，从定餐桌、开台、点菜、厨房加工、就餐提供服务、结账、清台、财务，到采购等流程都有计算机的帮助。酒店餐饮系统管理软件可减少服务员的人数，减轻服务员的工作量。

餐饮的信息化管理系统可以全程跟踪一道菜的过程——哪个厨师做的、客人点菜后几分钟上的、什么时候退回来的、什么原因，甚至这道菜毛利率，各个细节都能一清二楚。每到月底，也可以统计某一道菜，比如"东安子鸡"，卖出多少份，用了多少原料，赚了多少钱。也就是说，每一种菜品的投入产出都能做到心中有数。控制好了餐饮成本，可以最大化地优惠顾客，长久地留住顾客。

提高效率。计算机的快速反应可以提高酒店的工作效率，提高上菜的速度，减少上错菜、掉菜的机

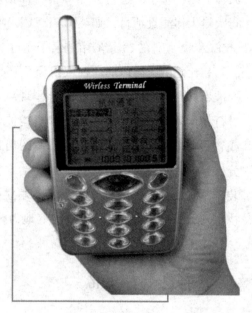

数字点餐机

率；利用信息技术实现库存管理可以做好仓库中物品的"收"、"发"、"盘"、"存"，对有保质期要求的物品通过批号和保质期的管理，提高物品周转的合理性，减少损失，最大限度地缩短物品出入库的时间，减少消耗，保证库存账面数据与实物量一致，为其他相关系统及时提供最新的物品库存信息；另外，利用厨房和点菜联网，每一菜单经餐厅点菜后，通过网络及时传送到厨房，以便厨房及时掌握所需，减少了服务员的跑动，加快厨房出菜速度，提高服务质量。

除了在餐饮管理中的数字化，日常饮食也可以数字化。飞行员的生活方式直接影响着战斗力。有资料表明，在世界航空史上，飞机在下降过程

中因飞行员空腹曾导致多起事故。"多长时间要进食，对于飞行员有严格要求，有大强度高载荷的动作量还要提前进食。"空军某部航医说。因此空军飞行员的饮食饭菜的搭配，全是经过科学计算后安排的。通过数字化的电脑膳食营养监测系统，能自动生成食谱并对营养水平评估。例如空军飞行课目是大强度空地对抗，每名飞行员的空中飞行时间长达 5 个小时。把这些数据一输入计算机数字化系统，计算机屏幕上飞行员消耗的热量数值便呈现出来，早餐、间餐、午餐等一系列食谱的内容和时间也随之出现。不知道这些数字化的饮食标准会不会应用到民用领域，到时候好吃的东西是不是能够按照科学的数字化方式合理安排呢？

数字化住得舒服

在数字化的时代，人们的住宅将变成智能建筑。

数字化智能建筑

在智能建筑内住户可利用电子计算机、电视机等通信工具，通过各类服务网络系统来满足人们在生活上的各项需求。譬如，想买什么东西时，不必再上街逛商店，坐在家里按一下电子计算机的远程终端，就可以选出由社会组织网络所提供的每期更新的商品供应目录，在屏幕上大逛电子商场。此时，屏幕会逐一显示出各样商品的名称、款式、材料、价格和样品图像资料。智能建筑内的住户还可以通过这些数字化的设备进行看电影、看戏、看球赛，图书馆查书、借书，买火车票、订飞机票、预订旅馆客房等方面的活动。

举例说，如果想看某一部电影、某一场体育比赛，或欣赏歌剧、舞剧等，可以在家里通过各个文化、体育组织网络系统所提供的目录进行挑选，并在交互式电视机上，或在电子计算机的远程终端屏幕上，或在其他电子显示屏上进行预约，甚至当时就能随机收看。这种网络的联接与付款方式也与电子购物的方式大致相同。

智能建筑是一种安全性能很高的建筑。无论是办公楼、公共建筑或住宅，一旦发生盗贼侵入偷窃，或是遇到烟、气、火灾等灾情，这种建筑物的各类有关安全保卫系统便会自动向监控管理中心发出报警求救信号和警铃声，以引起有关保安人员的注意。

譬如，在某一建筑物中出现盗贼，当他们经过各道门、窗走廊设有的电视监视器或电子探眼前时，这些预先设置的保安传感器或光纤通信装置使建筑物内的有关报警系统发出警报声。同时，又能使附近的警卫、保安、公安等单位收到同一个报警信号，使其在接受报警信号后能在最短时间内进行及时有效地抓捕罪犯和安全保卫工作。

这种智能保安设备系统对一些银行、博物馆、珠宝首饰店，以及某些重要的机构来说是非常重要的。

又如，当某一建筑物内发生火灾时，在火源处设置的烟火感应器便会自动向监控中心发出火灾信号。一方面火源附近的预先设置的灭火喷淋装置会自动灭火；另一方面就近的消防机构能立即收到火灾求救报警信号，这时消防车便以最快速度赶到火灾现场进行灭火、消防工作。因此，对当前密集型大城市来说，这种防火安全的自救和求救系统有着较为实际的意义。

综上所述，具有"头脑"和"神经系统"的建筑表现出了非凡的功能。

它们具备各种适应现实情况而自动应变的能力，这些能力总的归纳起来就是通信自动化、办公自动化、设备自动化（其中包括消防自动化、保安自动化），以及建筑管理自动化。

上述各项自动化都是通过电子技术、信息技术和光技术等高度发展来实现的，同时也受到当代信息社会中高新技术、高新结构、高新材料、高新工艺等成果的支持。

例如，改善和优化建筑的功能，提供比室外更为舒适的室内环境；提高建筑布局组织的实用性和合理性；提高建筑构造有效的气密性和隔绝性；提高建筑对内对外信息传递的便捷性和精确性；提高建筑管理的科学性和安全性等等。这些又都促进了数字和模拟电子信息处理技术对数据交换通信以及整个信息传输系统的管理和监控，对建筑中多项不同用途的服务系统的整体开发。

这些所谓的有头脑的房子，人们叫它为智能建筑。顾名思义，这种建筑具有头脑，并由头脑来控制，像人一样可以随时适应外界变化而产生各种应变能力，是聪明的有智慧的。甚至当人类能力达不到时，周围环境适应不了时，它都能按照预定的程序一一如期操作完成，达到人们预期的要求和目的。

未来的智能化住宅更是令人向往。21世纪电脑化住宅的样品已由日本18家公司的工程师联合制成。这幢位于东京市中心西麻布区的未来型住宅总面积约为1200平方米，总设计师和建筑师是东京大学的坂村教授。

这个住宅的特色是将人类家庭生活的活动尽可能地电脑化。它由400多个微型电脑处理机控制，从配餐到浇花都不用人动手。室温可

数字化住宅室内

25

依主人意愿预先通知电脑，电脑则随时根据风速、风向和日光强度使 85 个窗户的某一部分自动敞开或关闭。风雨天或室外空气污浊时，全部窗户就会奉电脑之命紧闭。

整幢二层楼房共有 33 间居室，每间装有录像镜，通向 7 架录像摄影机，另有 36 个扩音器和 24 部电话机，因此住宅内部的通信联络极方便。家庭成员的一日三餐，只需通过电脑"点菜"，厨房的电脑屏幕上即显示每种菜肴所需的原料、佐料和最佳烹调方法，包括火候大小和烹调时间的长短等，由厨师照办。

楼上的浴室和厕所是个保健中心。那里的电脑能显示洗澡者的脉搏和血压数字；恭桶有特备化验纸条连接电脑，使用马桶者可以从电脑屏幕上看到自己尿液中所含糖分和蛋白质是多少，然后电脑送出一张印有数据的卡片。

家庭成员的衣服、鞋帽、书籍、唱片以及一切东西都分类编号储存在地下室不同的容器内。需用任何物品时，只要按键钮发指令，机器手便将物品捡出，由升降机送上来，用毕再按相反程序送回。所储存的物品种类和数量随时可通过电脑核查。

楼下客房里的厕所也是完全自动化的。只要有人进去，马桶坐板上立即有机器手铺上一张消过毒的衬纸，电眼还可依据人的手势提供卫生纸、冷热水、肥皂和烘干湿手的热风。

数字化出行计划

外出旅游，少不了要订票，使用电脑网络订票，只需在各售票处放一台电脑订票机，旅客可以在任何地方通过电脑订票机预订预售期内的任何车次、航班的座位。各售票处通过计算机网络相互联系、通讯，从而能够确定哪个座位的票已出售。

电脑订票机中存储着预售日期内每日的车次、航班，每次车或每次航班的每个座位是否有人预订以及每个乘客的目的站，以便重新统计各站余票。

当旅客来定票时，电脑订票机首先要查询是否有余票，然后再根据旅客的要求进行预订或告诉旅客他所要的座位已被售出等信息。对已经满员或已经开出的列车、已经起飞的航班立即撤销，再存入新的预售期内的班次信息。

　　电脑订票给旅客带来很大的方便，旅客可以在任何设有订票机的地点预订预售期内的任何车次或航班的车票或机票。在设有直达列车或班机的情况，转换车次和班机的票也都能一起预订。此外，电脑订票机，可提高列车或航班的利用率，提高经济效益，保持每个座位满员，提高客运率，售票效率也成倍地提高，既省时又省力。

　　自动售票和检票已经成为一种趋势，乘车本应照章买票，但总有人逃票，这种情形，印度最为严重。印度铁路终点站不验票，而进站月台上常常只有一个检票员。因此，许多无票者便混水摸鱼，不买票就乘车。印度每天有1000多列客车运送成千上万的旅客，由于逃票，印度铁路部门每年损失数百万美元。铁路部门经常组织人员突击查票，而且多在较偏僻的地

27

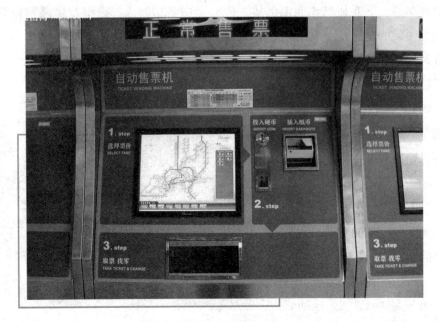

自动售票机

段（如火车经过丛林、大桥、沙漠时）动手。铁路警察也来帮忙，连厕所也要查到，并且还牵来警犬，以防无票者跳离火车。1993 年的 9 个月中查出 340 万名无票乘车旅客。最令人吃惊的是，在比哈尔邦的一次查票中，工作人员检查一列火车，车上 350 名乘客竟无一人买票。

铁路部门花费大量人力物力进行售票、检票工作，铁路员工很累，旅客也感到不方便。21 世纪初这种现象能不能有所改变？那时，由于铁路的发展，乘火车不会像现在这样拥挤了，有的车站也会采用自动售票检票系统。

有些国家采用门扉式自动检票机，车票背面有磁膜记录旅程和乘车时间，车票放入检票机接受检查，若票面无误，则门扉自动开放，让乘客去乘车。自动售检票过程是这样的：旅客只要把硬币投入自动售票机中，就可获得车票。这种票是有磁力信号的卡（就是一种磁卡），放入检验票的装置中，门就自动打开，让旅客进入月台去乘车。到达目的地下车后，仍然要把车票放进检票装置中，出口的门才自动打开，让旅客走出车站。如果没有车票，则要补票才能走出站。持有定期车票的人，进出站检票和验票同上面说的也完全一样。当然，控制开门的系统、自动向导广播以及显示各种信息的装置都是由计算机控制的。

售票和检票机已发展得很先进了。比如，日本铁路部门 1990 年采用"磁石式"检票机，持有定期车票的人，只要掏出车票一晃，就可以自动检票了。旅客掏车票还嫌麻烦，所以经过不久之后又开发出了不用掏车票，就能自动检验车票的装置。

由于计算机的发展和计算机网络的建立，自动售票、购票已变得非常方便。比如，现在日本的自动购票

自动检票机

系统，不但可以买到各地的预售车票，甚至可以买到正在运行的客车车票呢。

法国铁路广泛使用一种带有触摸屏的自动售票机系统。这种系统与法国铁路中心计算机联网，它能用 3 种语言显示，旅客可以用其中任一种语言选择目的地、日期、时间及车厢等级，以及预留座位等进行购票。购一般票只要半分钟，预定座位在 2～3 分钟内完成。这种装置还可以进行咨询服务，并可识别购票信用卡。

有一种自动售票机，需要旅客自己先查明从出发站到目的地的车票价，投入相应的货币之后，才会付给你车票。旅客查看票价，有的可用地图去查找你所需要到达的车站，有的可以用查找文字的方法找到所需的站名。但是用这两种方法查找所需去的车站，对于某些人来说也是很困难的。根据自动售票机使用经验，现在国外正在发展的一种对话式自动售票机很受欢迎。对话式自动售票机，利用高技术中的"声音识别"技术，制造出能识别旅客声音的装置。只要旅客拿起话筒，说出自己的目的地，这种装置就能指出目的地最近的车站，旅客确认合适后，投入货币，即可买到车票，平均 35 秒钟购一张票。这一系统已在日本的很多车站投入使用。

公共汽车也同样采用了无人售票办法：在车上设自动售票机，或在车站设自动售票机。无人售票的公共汽车（电车）只有驾驶员一人进行运作。

德国公共汽车上无售票员，乘客一上车就把车票或月票高举过头接受监督，不高举过头则会被人怀疑是逃票，受到谴责。许多国家采用信用卡，上下车把信用卡插入阅读器，记下乘客乘车距离，每月结算一次，又方便又省时间。

不用停车就收费。国内外的高速公路多数是收费的。如果让汽车停下来，由人工收费，就要花费时间。本来，汽车走高速公路，是为了节省时间，如果收费花很多时间，就不合算了。所以国内外大力发展自动收费系统。这样，汽车行驶既方便，又省时间，收费人员又能从辛苦的劳动中解放出来，而且提高了工作效率，减少公路上的阻塞，提高汽车的流量。

用自动收费机收费，每小时可收 650 辆车的费用。自动收费机收费又有投币式、磁卡式等方式。投币式收费，是在全程入口处一侧有一个篮状收钱口，司机扔入硬币后，硬币从篮状网向里滑进，自动控制挡杠升起，汽车就可进入高速公路行驶。如果司机没有零钱，则要手工收费了。

还有一种磁卡式收费：司机驾车进入收费站入口车道，收费操作人员判定车型，记入计算机并发放一个记有入口站、进入时间等信息的磁卡，司机领卡上路。在收费站出口司机交出磁卡；收费操作员把磁卡插入阅读器内，车道控制器计算收费金额并显示出来，司机交费，收费员收费后由打印机打印收据。

高速公路数字化无障碍自动缴费

这种磁卡式收费方式，可以说比投币更先进一点，但是仍不是完全自动收费。这种收费方式有人参与，所以比较灵活。另外，若各收费站之间有通信网，并且和控制中心相联，则控制中心的电脑可根据各收费站的信息，实时地计算出任何一时刻在高速公路上的车流量，以便对交通进行控制，也可以防止收费有舞弊行为。

最有发展前途、优点最多的是自动识别车辆的收费方法。驾驶员在汽车接近收费区时，把智能卡插入小型无线电转发器里，装在高速公路立交口上方的接收器（或者安装在路面下的接收器），与转发器联系，记下汽车进入、离开高速公路的时间以及付款地点和收费金额，通过转发器记在智能卡上。

或者，汽车用户购买并安装脉冲收发两用机。汽车过收费站时，不用停车，收发两用机与收费站的自动识别系统相互联系，利用埋在路面下的电感环式车辆检测器，或利用射频或微波天线，或利用光学、红外线检测技术，使车辆上的收发两用机"激活"。两用机把用户独有的缴费账号"告诉"给收费系统，在其账号上支出应收的费用金额。

澳大利亚在悉尼海港大桥上，采用电子收费系统：将一种无源的标签（不带能源的标签）安装在车辆的挡风玻璃上。当带有标签的汽车进入辨认的范围内（欧洲标准为4米，美国标准为7米），每个收费闸门的辨认器便发出有节拍的震动信号（能量），使预先安装的电路充电，经调节后的信号又传送回到发问器，再送入到计算机中，计算机中存储有客户详细资料，

　　根据资料进行收费计算，并自动在客户的账户上收费，使得汽车不用停车，即完成了自动收费。

　　美国加州90号国道是世界上第一条全自动收费的高速公路，通过这条公路的汽车均须建立一个账户，在汽车挡风玻璃上安装一个小型无线电应答器，收费站在车顶上方有个阅读器，它能对过往车辆进行识别，把应收费用（25美分~2.5美元）记入账户。

31

　　国外有一家公司推出一种身份标签，每个标签上都有独特的身份密码，使用者在有关的户头上存有金钱，所以当收费系统识别了身份标签后，计算机在其户头上扣除应收费的金额，并记录下收费的数据。这种收费系统在汽车以240千米/小时的速度行驶时也能辨认汽车，每小时可辨认2500辆。

　　无论是外出旅游观光，还是驾车郊外度假，都少不了交通图的帮助。然而，到21世纪对于未来的地图使用者来说，不再需要将厚厚的地图册装进旅行背包内，也不再需要用手查阅一张张地图寻找目标，更无须向行人询问自己身处何地，而只需带上一个巴掌大小的电子地图装置，再装入一片存储若干张数字地图的光盘，便可以只身走遍世界，再也不用为"迷路"而发愁。这就是未来的声、图、文并茂的电子地图。

　　一位著名的地图学家曾说过，地图是人类物质文明和精神文明的表现。数千年来，它曾经走过一段绘制在沙土上、兽皮上、纺织品上和纸张上漫长的演绎道路，即便是60多年前世界上第一台电子计算机的发明者也不会想到，当时这台由17468个真空管组成、重达30吨，占地160平方米的庞然大物，今天却可以用一片仅有手指尖大小的电脑芯片来替代它，他更不会想到正是这样一种看上去毫不起眼的电脑芯片竟可以将沿用了1000多年的纸印地图变成数字信号并显示在电脑屏幕上。1991年1月，在美国拉斯

维加斯市举行的电子商品交易会上，一家德国电器制造公司展示了一种从未有过的新颖电子交通地图，引起了与会者的好奇和极大的兴趣。这种电子交通地图看上去好像一台携带式的电子装置，小巧玲珑，其表面有一个长宽各为 10 厘米的液晶显示屏幕，机内装有一个磁盘阅读器和一个电子罗盘。当电子交通地图安装在汽车驾驶室内时，它通过装在汽车轮胎上的压力传感器可以测量汽车的行驶速度，

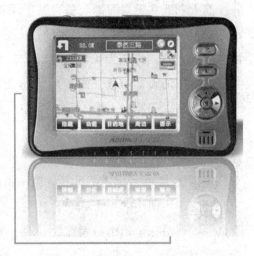

数字地图导航

通过机内的电子罗盘可以确定汽车当前所在的位置。而用来表示城市交通地图的数字信号则被存储在磁盘内，人们只要把磁盘插入电子交通地图装置内，机内的磁盘阅读器就像 CD 唱盘通过激光唱机播放音乐一样，会将磁盘内的数字信号转换成城市交通地图显示在屏幕上。司机坐在驾驶室内，通过液晶屏幕所显示的交通地图，就可以了解到该城市的交通网和主要街道，屏幕上闪动的光标即是汽车当前所处的位置，而光标的箭头则指示着汽车当前行驶的方向和路线。利用电子交通地图，司机即使在陌生的城市开车，也能顺利地到达目的地。

在法国首都巴黎，人们可以见到设在市区街道上的电子问讯机。这种问讯机具有电子地图功能，为初到巴黎的人们和不常出门的巴黎居民提供了极大的方便，到过巴黎的人们无一不有这样的体会，面对拥有 55 条公共汽车路线和 17 条地下铁道密如蛛网般的巴黎交通常常会感到不知所措，即使查阅地图和询问行人也往往无济于事。此时，你只要求助这种闪耀着 SI-TU 彩色字母的电子地图，一切难题便可迎刃而解。问询时你只需把想要去的地方用键盘告诉电子地图，几秒钟以后，机器的液晶显示屏就会显示你应该走的路线。与此同时，机器还会吐出一张宽 8 厘米、长 15 厘米的纸条，纸条上详细记录着电子地图所显示的全部内容。不仅如此，电子地图还能

根据不同人的需要，提供几条不同的行走路线，例如乘公共汽车、乘地铁或步行等几种方案。

电子地图还可以充当旅游者的"导游小姐"。当旅游车接近名胜古迹时，电子地图的高清晰度显示屏会自动显示出这个风景区的主要景点，并以悦耳动听的声音介绍人文景观的由来和特色。当旅游车经过一幢著名的建筑物时，人们会在屏幕上看到这个建筑物的外貌、内部结构和装饰，并听到有关它的各种介绍。当旅游车开进高山峻岭时，旅游者也不必亲自攀登崎岖的山路，便可以通过电子地图的屏幕欣赏到这里的四季风光：春天的鸟语花香，夏季的枝繁叶茂，秋季的万紫千红，冬季的白雪皑皑。

在将来，电子地图还可以为盲人引路，成为名副其实的"电子导盲犬"。这种电子地图装有语音识别系统，使用时，盲人可以通过语音识别系统，将自己的目的地输入电子地图，电子地图经过分析和计算后便会确定行走路线。然后，电子地图利用合成语音提示盲人，请他向左转，或者向右拐，按确定的行走路线一直引导他到达目的地。

适用于儿童使用的多功能电子地图也是未来电子地图的一个发展方向。这种电子地图不仅可以帮助儿童寻找回家的路途以免迷路，而且还可以为儿童提供诸如世界各地风光的精美画面、由计算机设计的各种奇异图案和电子游戏等功能，成为一种人见人爱的电子玩具。更令家长们感到欣喜的是，通过这种电子地图可以随时随地与自己的孩子保持联络，以往那种不慎丢失孩子的悲剧不会再发生。

在 21 世纪，电子地图最终会闯进人们的工作、生活以及各个领域，用来取代目前使用的地图册、交通图和旅游图，成为人们行路开车的助手。届时，人们使用电子地图可以查询世界上任何一个城市、任何一个地方。人们只要轻轻地按动一下电子地图上的按钮，纽约摩天大楼、伦敦大笨钟、莫斯科红场、东京股票交易市场、非洲撒哈拉大沙漠、世界屋脊喜马拉雅山、北极大冰川、南极大陆……一切都会映入你的眼帘，把你引向一个既神奇又新鲜的大千世界之中。

最近，日本 TEK 电子公司推出一种适用于航空飞机的电子地图系统。这种被命名为 Stragazer 的电子地图，既可以显示飞机的位置和飞行的航线，而且还可以显示仪表飞行或目视飞行时的起飞、途中和降落等信息。飞行员使用电子地图时，只要用电子笔轻轻触动一下起飞港、目的港和中途各个停留港的名称，电子地图便会显示出这次的飞行计划，其中包括有空中导航目标、规定目标或可选目标、全部行程信息、一段行程信息以及航向信息等等。该电子地图系统还可以为飞行员连续不断地计算出航行距离和时间，必要时还可以将所需的信息即时打印出来，以供飞行人员参考。

玩出数字化快乐

1955年，美国工程师塞缪尔设计了一个跳棋程序。它具有自适应、自学习的能力。四年后，它战胜了塞缪尔本人，1962年又战胜了美国一个州的跳棋冠军，引起很大轰动。

电脑能够下棋！这样涌现出国际象棋、西洋跳棋、15子棋等众多的博弈程序，很多程序都达到了大师级的水平，其中一个15子棋博弈程序曾战胜了15子棋世界冠军。这些博弈程序不仅包括博弈规则，还包括名家棋法、棋谱。电脑在下棋时，首先要确定在某一个棋势中，能够移动的棋子有几个，然后再看每一个棋子能走哪几步，最后根据博弈规则、名家棋法并与事先输入的各种棋局作对照，算出每一步棋双方的得失，从而确定哪一步是最佳走法。

由于装入这些博弈程序的电脑不仅能教初学者下棋，还能帮助专业队员进行训练，因此人们称它为电脑棋师。美国曾经制造过一种下棋机器人，它的"棋艺"由输入进去的下棋程序决定。对于初学者和专业棋手都适用。为使人不感到自己的对手是无灵魂的机器，设计者还使它有点"人格化"：借助于安装在内部的发声装置，这个机器人既能为自己下的妙着而"高兴"，也能因为自己走错了棋而"痛心"。

1982年，在美国匹兹堡举行了一次别开生面的棋赛——由4部世界最佳象棋电脑与4名象棋手对弈。这场人与机器之间的智能比赛，引起了人们极大兴趣。在全部16盘比赛中，电脑只胜4盘。然而，在1993年8月31

日至9月3日举办于伦敦的英特尔国际象棋大奖赛上，装有一个称作"天才2号"程序的 Pentium Plus 信息处理机仅用25分钟就战胜了俄罗斯棋手——加里·卡斯帕罗夫这位当今世界上排名前10位的国际象棋特级大师。

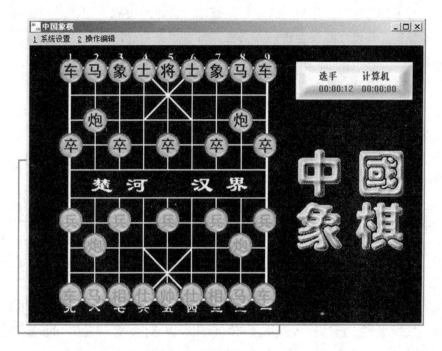

人机象棋对战

计算机游戏是集人类的智慧、图像、动画、技巧、音乐为一体的程序设计及操作实施细则之大成。它通过游戏软件在计算机上的运行而得以实施。由于程序设计的树结构及多项选择，再加上计算机的高速、大存储量，使得计算机游戏更具复杂性、刺激性及趣味性。目前计算机游戏的种类繁多，按内容一般可以分为下列几类：①模拟型；②体育型；③神话型；④武侠型；⑤益智型。下面简单介绍几种走俏的计算机益智游戏。

编故事的人可以根据游戏软件所提供的形象、场景、声音、歌曲、修饰等即兴发挥，构思故事。无疑，这对培养孩子的语言表达及想象思维能力均有所帮助。

丛林考察队游戏者可以根据游戏软件所提供的吉普车、直升飞机和汽艇等交通工具，在所设计的自然环境区中考察动植物的野生生活。该游戏对培养孩子的观察思考能力及激发求知欲和学习兴趣，开阔眼界提供了契机。

打字游戏可以提高游戏者的打字技术，会帮助游戏者记住字母在键盘上的位置。并教会游戏者正确的指法，可以根据自己的情况选择练习的难易程度。并且可以自测操作水平。它不失为技能训练的一种好方法。

黄道十二宫游戏可以使游戏者根据自己的星座图，以及来自月亮、星星、太阳的影响，进行周密的计划，帮助游戏者决定金融交易、职业变换、结交密友的最佳时机。不妨一试，全当开心一刻。

多姿多彩、妙趣横生的计算机游戏在寓教于乐之中，会使你"别有一番情趣在心头"。你相信吗？

数字化家庭生活之友

电视是现代家庭中获得信息，进行学习，特别是休闲娱乐的重要用品。电视发展很快，新品种多，并且向组合化、智能化、数字化方向发展。电视机就像古代神话中的一面魔镜。当你打开电视机时，一幅清晰、生动的图像便展现在你的眼前。你可以看到在天安门城楼上，主席在向你招手；你可以看到在那遥远的太空，宇航员怎样登上月球。电视机为什么能收到图像和声音呢？原来这能够活动的图像和声音是在空中用无线电波传送来的。语言广播是把声音信号转变为电信号，广播电台利用天线再把电信号发射出去。收音机收到电讯号后，再把电信号还原成声音。电视则是把图像和声音一起变成电信号发射出去，再由电视机将电信号还原成图像和声音。而现代数字化的电视机是通过将信号数字化，通过有线传输、卫星传输不断提高信号质量，进一步使得数字电视影像声音效果更清晰，为更大规模、更高要求的数字影像服务提供了有力支持。

会说话的洗衣机：早在20世纪40年代就有了自动洗衣机，80年代就有了全自动洗衣机，要说现在，洗衣机只是更加神奇罢了。比如模糊控制洗衣机,只要主人把衣物放进去,接通水源,洗衣机的"大脑"就能够像人考虑问题那样,利用模糊逻辑,根据传感器测出是什么布料,衣物有多少,脏污程度(可分为干净、较干净、中等、较脏、极脏等),自动决定放多少水为最好,水流强度多大,洗涤多少时间为最好,漂洗几次以及脱水多少时间为最好,并由电脑控制完成各个阶段作业,最后把衣服洗干净,且衣物损伤最小,同时又省水节电节省洗涤剂。

　　洗衣机自动化不断提高,出现很多新式洗衣机,比如,带有自动加热和烘干的热风机的洗衣机,还有的是有语言功能的智能洗衣机,当你洗衣服时打开电源,但还没关洗衣机的门,它会提醒你把门关上;当你洗完衣服不进行维护,它会说:"请你爱护我!",如果洗衣机哪个部件坏了,它会告诉你,该去找维修部换修什么零件部件……

　　智能电冰箱:电冰箱的制冷、冷冻、除霜等都是自动完成的,这是人所共知的,没有必要细说。我们要说的是,电冰箱的自动化程度日益提高,使人们用起来更方便更舒适了。比如,智能电冰箱能够告

数字化自动洗衣机

诉主人,箱内还有什么食品,可以用这些食物做出什么样菜和饭,甚至提醒主人该购买什么食物了。更先进的,它可以通过家庭电脑,向市场选购该储存的各种食品,等等。

　　数字 CD 机、DVD 机等:光学拾音头是 CD 唱机和 DVD 机的"眼睛"。从半导体激光器发出的激光,通过偏光棱镜、物镜射向唱片镀铝膜。当没有凹槽时,反射光全部返回物镜;有凹槽时,反射回物镜的光减少。检光器可以通过唱片上凹点的有无及长短检出光的变化,再生时可以得到与记

录相同的"1"和"0"的数字信号。数字信号经过机内的数字信号处理系统、控制显示系统和 D/A（数/模）转换系统和低速滤波器，就形成了音频模拟信号。激光唱机放音优美、动听，它给人们带来了新的享受。

汉语报时钟：现代生活中，时间观念日益增强，钟表已成为人们必不可少的计时工具。以往的钟表是用眼读取时间，有时带来不便。汉语报时钟，可以用液晶显示时间，又可用汉语向你报告时间，使用可靠、方便，它会使您的生活更加丰富多彩。汉语报时钟，每隔半小时报时一次。如果你随时想知道什么时间，只要轻轻按一下按键，就有女音中文报时，还有 3 种闹铃方式：①女音报时，②滴滴声，③公鸡叫声。

会说话的手杖：由美国发明的一种盲人使用的手杖，当盲人遇到障碍物时，手杖可通过电子感应器，发出词句，告诉盲人及时躲避。

会说话的汽车防盗器：美国发明了一种会说话的汽车防盗器。当企图作案的窃贼进入防盗器微波场时，防盗器立即提出警告："请退后，你离车太近了。"当此人退出微波场后，汽车会说"谢谢你"。如果此人继续接近汽车，防盗器立即发出警报。当车主回来时，防盗器会立即告诉他："有人来侵犯过我！"

会说话的照相机：日本美能达公司生产的一种自动相机，当你准备照相但未装胶片时，它会说："请你装上胶卷。"在光线不足时，它会说："请使用闪光灯。"当你照相距离不对时，它会说："请改变一下摄影距离。"

会说话的打字机：美国研制出一种会说话的打字机，当你打完一页稿纸时，只要一按发音键，打字机就会给你将原稿朗读一遍，让你校对一下打过的内容有无错误。

会说话的电子门铃：欧洲生产一种会说话的电子门铃，如有人来访，按下门铃，它会马上说："请你稍等一会。"如果主人外出，它会告诉你："主人不在家，请过一会再来。"有的门铃还可准确地告诉你时间，如"请晚上 7 点再来"。

会说话的酒杯：北京星火技术研究所研制成一种会说话的祝酒杯。当你全家团聚或宾朋共餐时，端起这种酒杯会听到优美动听的音乐和问候语。

会说话的电子秤：日本一家度量公司研制的一种电子秤，在你称东西时，不必用眼睛去看刻度和数字，它会立即告诉你东西有多重。

会说话的钢笔：美国研制出的这种钢笔装有电脑记忆系统，它可容纳6.8万个单词，除书写功能外，它可以提醒你做某种事，如："时间快到了，上班去吧！""请您休息吧！"等等，很受人欢迎。

会说话的电子字典：好易通EC3001电子字典，不但能读出字库中10万个单词的发音，还能读出"旅行会话"近千句对话。更神奇的是它能读出由使用者用英文字母构成的任何单词和句子。电子字典的种类很多，最有趣的那就是英汉、汉英双向有声字典了，它不但是一本能快速查阅的大字典，又是你的随身老师和翻译。

汉语报时手表：可以用汉语报上、中、下午时、分或月、日、星期，并用液晶显示，音乐报闹和计时功能，用汉语报离预定时间的时差。该表特别适于盲人或视力较差的人使用，使他们可以享有和正常人一样的生活节奏，此外，还适于光线不好的地方或在黑暗中使用，即使正常人使用也会带来很多乐趣。该表使用2粒1.5伏钮扣电池作电源，若每天定闹报时1次和24小时定点报时，电池约使用半年时间。

家电在现代家庭中已成为不可缺少的好帮手，使人们生活和工作方式发生了巨大变化，家电种类多至百种以上，按我们熟悉的分类有：清洁器具（如全自动洗衣机、全自动吸尘器等）、空调器具（如空调机、风扇等）、冷冻器具（如冰箱、冰柜）、厨房器具（如微波炉、电饭锅、全自动洗碗机）、照相器具、取暖器具、美容器具、声像器具（如电视机、电话、翻译机）、保安器具（如防盗警报器、火灾预防报警器）等。家电自动化是利用计算机及各种设备对家庭环境、生活、信息、医疗、家政、文化娱乐等实现自动控制。家电自动化，可使家务劳动省力和舒适，生活环境优美惬意，分享社会信息资源，文化娱乐更高级更智能化，保证健康安全地生活，优化家庭学习、教育。

家用电器自动化的发展是十分惊人的，20世纪90年代出现的模糊控制家电日趋普及；家用机器人走入家庭，如自动清扫机器人、扫厕所机器人、自动割草机器人、家庭保安机器人、管家机器人等都达到了实用水平；智能厕所的出现，智能电视的使用……都显示了家用电器自动化向着智能化方向发展的趋势，现代自动化家电联成系统，并与社会联成网络，由计算机进行集中控制，自动地控制各个器具工作，为主人准备饮食，代主人管家、采购、办理钱款支付、创造舒适学习、休闲环境，自动与社会进行信息交流。家用电器自动化另一个发展趋势是研制所谓"绿色"家电，这类家电不但能实现应有的功能，而且不污染（或很少污染）环境，节约能源，对人有益无害。

多媒体：改变我们生活的"天使"

什么叫多媒体？顾名思义，多媒体是相对于单媒体而言的。从计算机处理信息的角度，我们把自然界和人类社会原始信息的存在形式——数据、文字、有声的语言、音响、图形、绘画、动画、图像（照片、电影、电视、录像）等归结为 3 种最基本的媒体：声、图、文。传统的计算机只能处理单媒体——"文"，即文字、数字、至多图形，给人的感觉单调、呆板、沉闷、枯燥。多媒体装置集电视机、电话机、文传机等通讯工具及电脑功能

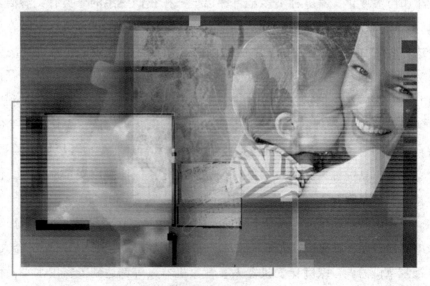

数字化生活时代

于一身，改变了电脑刻板的"盲聋哑"形象，使电脑成为能同时处理三种媒体的集成信息系统。多媒体就像一位既善解人意又美丽动人的"天使"。

在未来社会，你端坐家中，打开多媒体装置，不仅可以从数百个节目频道中选择自己喜爱的影视节目，还可以让剧情停留在某一点上，让其重演，高兴的话，甚至可以改变剧情，叫演员依你的意思演出。你可以收听自己喜爱的音乐，也可以与远方的朋友同在一个电视游戏的战场上较量一番……多媒体装置为你提供的不仅仅是娱乐，与各种资料信息库、图书馆联网的多媒体计算机成为一个庞大的，易于检索的声像图书馆，要了解世界大事，一篇篇图文并茂的电子报纸可以显示在屏幕上。哪篇文章引起你的兴趣，按几下按键，就可以储存起来，留作资料。想看书，即使是远在千里之外的图书馆中的藏书也能一页页地显示在屏幕上。在信息时代，多媒体是人类最得心应手的信息处理工具……。此外，多媒体的应用领域还很多，多媒体可视电话使您和您的朋友虽天隔一方，却交谈甚欢，如共聚一堂，近在眼前……多媒体电视会诊有如神医下凡，多媒体会议为您节省了大量的时间，同时缓和了交通压力。办公人员不必去办公室，只需通过家中的一台和办公室联网的多媒体电脑就可以处理好自己的公务，从而大大缩短了上班行程……多媒体电脑红娘为相隔千里的有缘人牵线搭桥……

数字化可视电话

多媒体电子旅游信息库成为您最方便的旅游指南，只要您轻轻地按动按键，游览中国风光，安排中国之旅，就在指掌之间……多媒体培训、教学系统，可令学习者有身临其境的感觉，可使学习者按他们自己的速度和兴趣研究、学习和解决困难问题，学生还可以通过电脑与老师、同学讨论问题，极大地提高了学生的学习兴趣……多媒体电脑音乐系统不仅能为作曲家配乐，还可以举行大型音乐晚会……多媒体动画制作系统可以为您设计报刊杂志的广告、图片、制作优美的三维动画电视广告……

也许有人会问，多媒体这么高精尖的产品，没有相当的专门知识只怕享用不了。恰恰相反，这位"天使"的特征就是：人机界面更为友好。她丢掉了令人隔膜的键盘，以及繁复的《用户指南》，人们通过口述、手摸屏幕等方式，可以方便地告诉多媒体装置任何你想要做的事情，只要告诉做什么，不必告诉怎么做，即可完成操作，因此不懂计算机的人，也可以操作多媒体。顾客来到一家房地产公司、旅游代理机构、汽车行或电脑游戏机商店，通过触摸橱窗玻璃就能启动橱窗里的电脑屏幕，于是有关最新商品的多媒体录像和有声信息就会出现在眼前。比如，你可以看到巴哈马群岛迷人的风光和到那里度假的一切信息。顾客还可以察看一幢正在出售的房子的情况，甚至在橱窗外就能玩里面的电子游戏机。当用手指按压玻璃时，扬声器就会把声音发送出来，从而产生一种声像并茂的橱窗购买环境。

外国专家估计，用不了几年，多媒体将步入寻常百姓家，那时多媒体这位"天使"将无所不在，无时不在，当您享用了多媒体带给您的那种便利，您必定会由衷地感谢这位"天使"。

数字化通讯缩短生活距离

电子语音信箱是当今世界流行的一种以电话技术及计算机技术为基础的现代通讯工具，被誉为电话"黑匣子"。

电子语音信箱服务是用户在语音信箱系统中租用一个属于自己的空间（信箱），每一个信箱都有信箱号和密码。语音信箱很像邮政信箱或您家里的信箱，可以通过普通电话存取和转发留言信息。别人拨通您的信箱后，将听到您的问候语，然后可以给您留言；您拨通信箱后输入密码可以打开信箱收听这些留言，并且可以应答、转发，或者发送一段语音信息到别的信箱或电话，而且可以成组和定时发送。无论是否有了电话或 BP 机，您都会发现在日常生活和工作中还存在着通信联络的诸多不便，语音信箱可以帮助您解决这些问题。

当您的信箱收到客人的留言信息时，系统可按照您设定的通知时间表，通知您的电话、手机或者 BP 机。使用信箱传递信息迅速，而且不会丢失或遗忘。因为能直接听到留言者本人的声音，不仅避免了代转留言过程中可能出现的误解和遗漏，而且可以通过声音确认留言人的身份。另外，语音含有语气，便于收听者理解。需要保密的事情不宜由他人转达，使用信箱可以直接留言。留言时可以选择合适的地点，听留言时可以只听不说，防止他人听到通话内容。留言是单向通话，内容简洁而且可以免去寒暄；节省因占线或找不到人而反复打电话的时间；解决了办公电话不足和接电话人手不够的矛盾；解决了因下班或时差找不到人的问题。休息时或在做不愿被打断的重要工作时，信箱可以为您代接电话。

43

以居民家庭为核心的社区，是构成社会的最重要的基础单元组织之一。家庭数字化和社区网络化正在成为信息化的重要领域之一。以北京市为例，2001 年市政府为启动"社区网络"工程，投资上亿元，先后为 18 个区县购置了计算机，实施市、区、街道三级网络架构，联机上网。目前，全市已初步形成了市、区、街道、居委会四级社区服务体系，

电子语音信箱

城八区的 104 个街道已经建好网站并开通服务。其他 10 个郊区县的三级网络架构也将很快完成。届时，全市 18 个区县将成为拥有上百个网站的"全国最大网站群"，这将意味着"社区网络"成为老百姓获取日常所需信息和服务的最大集散地。

数字化家庭生活

最近，以 ip 为基础的宽带数字流媒体技术的发展使第三代互联网具有双向、互动、个性化三个重要特性，这使居民不仅可以通过家庭网络系统将多种家用设备联成一体，完成门禁、安防、多表计量，急救呼叫、家电和设备控制、居室环境监控等功能，提供安全、便利、节能的生活环境，而且还可以通过网间接口与指定设备，社区网络和互联网相连，实现与外界的信息沟通与互动。

在网络世界中，现实社会存在的所有东西，如学校、医院、商场、邮局等都是以虚拟的方式存在，因此，网络居民可以跨越时间和空间的有形障碍，组成一个虚拟的社区，家庭个人网络终端设备通过社区网络连入国际互联网，将使电子社区与世界互融在大世界小社区的新虚拟家族中，国人与国人之间、国人与洋人之间、国内团体与国外团体之间交流与互动勾通急剧加大，网上电子社区将在24小时全球无疆界沟通。

互联网将人类文化从物质层面上用数字化的信息紧紧地联系在一起，形成了一个全球范围内统一的网络文化圈，而电子社区文化将成为其中的重要组成部分，电子社区推动了文化活动和文化价值观共享的全球统一的文化圈的形成和发展，这对逐步确立全球意识，促进改革开放向深层次发展具有十分重要的意义。

在当今的信息时代，通讯技术和公共联网技术的发展，为多媒体电脑开拓了更为广阔的空间。同各种公共信息库联网，你可以得到最新最全的信息。实行远距离教学，听优秀教师的讲课，采用交互式的多媒体学习方式，用虚拟的图像解释难以理解的理论和概念，真正实现梦寐以求的寓教于乐，寓教于家。电子邮件、电子报纸、电子杂志、电子书籍等多种信息媒体，都将通过电脑屏幕窗口展现在你的眼前。你可以足不出户享受到电子购物、电子贸易的便捷。多媒体系统在更多领域的发展将对人类社会生活带来深刻的变化。

新颖的数字化通讯设备

可视电话：使用综合数字网实现的电视电话，比普通可视电话的功能更完善。它最大限度地发挥出连接于各家庭之间的光缆的作用。图像质量与现在的电视相同，除了可以看到对方的脸部外，还可以看到周围的景物。

智能电话：现在的电话在使用时先要拨号，交换机根据所拨号码接通被叫的话路。到21世纪交换

智能电话

机具有了一定的话音识别能力，打电话不必再拨号码，只要拿起话筒说："接某某"就可以了。交换机能听懂你的意思，并很快将话路接通。

翻译电话：到了 21 世纪，语言障碍依然存在，解决的办法最好是借助于翻译电话。现在出现的翻译电话，当话机听完发话人的话音之后，立即翻译成另一种语言，用计算机合成话音后，传送给受话人。

手表电话：为了迎合外出办事和旅游者的要求，日本卡西欧公司研制成功一种能自动拨号的手表电话。这种手表电话，可存 50 个 14 位数的电话号码。还可显示世界 24 个主要城市的时间，并有定时和闹铃等功能。

近几年来，无线通信发展很快。70 年代发展起来的集群电话系统，系统内的电话用户之间可以直接拨号通话，无线用户与系统内的有线用户也可以通话，系统内有的有线和无线用户还可同市内电话用户通话。70 年代末期又出现了许多实用的蜂窝移动通信系统。这是一种技术上更为先进的移动通信系统。系统覆盖区和系统容量都有较大的增加。

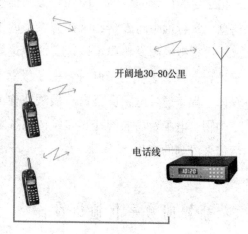

开阔地30-80公里

电话线

无线通讯

除以上几种无线移动电话外，目前使用的还有无绳电话、卫星移动通信等。

通讯数字化的代表——智能手机

随着数字化时代的大发展以及各类电信服务快速增长，智能手机的出现，为人类生活提供了更多的乐趣和便捷，通过智能手机这种移动终端，能够实现移动通讯业与因特网的融合，实现更为强大的通讯增值功能。在这一现实背景下，选择智能手机作为通讯数字化的代表，更具有时代特征。

随着无线通信技术的不断发展，尤其近年 2.5G 和 3G 通信技术的出现使得当今的手机功能日益强大。目前市场上集摄像头、彩屏、游戏机于一体的移动终端比比皆是，但这些终端大多由多个组件构成，价格昂贵，占据着高端市场。不过，移动终端发展的历史表明：当越来越多的功能被集成到单个芯片上后，终端的功能将增强，而生产成本将降低。

　　此外，移动通信业与因特网的融合是移动通信业发展的又一大趋势。加入了移动性的因特网将会为移动用户带来全新的应用，这些新应用的出现必将对移动终端的技术含量提出更高的要求。无线因特网业务要求手机在单一应用上结合各种实时信号处理技术，如视频流和音频流、与位置相关的服务、语音识别、移动电子商务和安全技术等。

　　由于手机功能的日益强大、无线因特网的引入以及操作系统的逐渐智能化，业界形象地把这种下一代手机称之为"智能手机"。智能手机除了具备手机的通话功能外，还具备了 PDA 的大部分功能，特别是个人信息管理以及基于无线数据通信的浏览器和电子邮件功能。智能手机为用户提供了足够的屏幕尺寸和带宽，既方便随身携带，又为软件运行和内容服务提供了广阔的舞台，很多增值业务可以就此展开，如：股票、新闻、天气、交通、商品、应用程序下载、音乐图片下载等。融合 3G 的智能手机必将成为未来手机发展的新方向。

　　虽然智能手机为用户带来了更加便捷的移动体验，但是由于所包含的功能块不断增多，其耗电量及所需处理的数据量也随之不断提高，同时智能手机的芯片结构与设计过程也变得日趋复杂。因此，对于智能手机开发商而言，采用何种手机开发平台具有十分重要的意义：先进、成熟的手机开发平台不仅能极大地减少技术风险，降低开发成本，缩短新产品研发生产周期，还有利于生产厂商迅速进入并占领市场。因此，越来越多的手机厂商在重视外型设计的同时，开始把手机开发平台的构建作为其提升核心竞争力的重点。另外，智能手机之所以具有如此强大的功能，这与它采用了功能强大的嵌入式操作系统有重要的关系。移动通讯行业的现状与 20 年前 PC 行业的情形非常相似，整个移动终端并没有一个通用的应用软件平台。

所谓智能手机，它与传统手机最大的不同在于，传统手机的软件是"写死"的，基本上不能再动什么手脚，是手机制造商从软件到硬件的生产全包，其他人无缘参与。而智能手机的软件是可嵌入式的，是"活"的，用户可以在已有的手机软件上加入众多自己喜欢的东西，众多的软件厂商可以在手机上开发各种软件。正是由于有了这关键的一"加"，手机的主人从此有了更大的自我空间，可以翻看电子书、可以收取 E – mail、可以……或只要安装软件，瞬间就具有播放 MP3 的功能。从外在看起来，总的来说就是更"智能"了。这种架构需要一个类似 Windows 的操作系统内建手机中，以及愿意帮这个操作系统写软件的厂商。这就是智能手机，一个类似电脑环境的开放架构。因此，操作系统的选择就成为决定智能手机选用的关键因素。

与传统手机相比，智能手机最大的特点是其强大的多媒体视听功能和无线互联通信功能。从外观尺寸看，智能手机与我们现在的传统手机相差不大，但在整体功能上却实现了质的飞跃。这样一部手机不仅能通话、发短信和彩信，而且能在手机上随时随地观看小幅面电视新闻、电影、MTV，欣赏 MP3 和各种在线音乐，玩各种新颖丰富的在线游戏，用 MSN 和 QQ 进行在线聊天。以多普达为代表的国内厂商已经推出了各款智能手机，多普达 515 发布采用手机 Windows 操作系统的中文智能手机，使人们可以沿用熟悉的 PC 操作界面，轻松上网浏览、自如收发邮件。所以有人把智能手机看做是传统手机、多媒体电脑与互联网终端的集成体。

Symbian、Palm、Microsoft、Linux 四大开放式操作系统代表着未来智能手机的发展方向。其实采用封闭式操作系统的手机也为数不少，不过智能手机的将来肯定会是开放式系统独步天下的格局。

近年来，Linux 以自由、免费、开放源代码为武器，经过来自互联网、遍布全球的程序员的努力，加上 IBM、SUN 等计算机巨头的支持，Linux 在操作系统市场异军突起，服务器版、桌面版、嵌入式 Linux 已经广泛地投入应用，基于 Linux 的应用和开发渗透到各个领域。可以预见，在手机领域，作为开放的数字化系统应用环境 Linux 也具有相当的实力。

工农业生产的数字化

电脑帮人脑——计算机辅助设计与制造

计算机辅助设计与计算机辅助制造（英文名缩写为 CAD 与 CAM），顾名思义，是指利用计算机辅助设计人员与第一线工人进行设计与制造。传统设计需要人工设计图纸，制造样件，测取大量数据，工作量大的惊人。一架大型飞机，单本体的设计图纸就有十几万张。

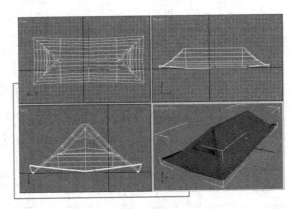

计算机辅助设计

为了减轻劳动强度，提高速度和精确度，人们利用计算机的功能，通过人机对话，输入设计数据，直接在屏幕上作图、修改、放缩、拼接，并可按需要输出所需的图纸，这就是计算机辅助设计。如飞机客舱座位布置图，只要输入座椅形状和排列要求的各种数据，马上可显出座仓布置图。还可能通过计算机把设计的数据直接输入数控机床，按要求加工出零部件，这就是计算机辅助制造技术。

由于计算机具备较强的数据处理和模拟功能，并且能够高速而准确的进行数值计算，因而在飞机、船舶、光学仪器、土木建筑等领域，日益发挥着举足轻重的作用。目前CAD技术已从产品设计发展到工程设计，许多工程产品的投标项目一改往常接受手工绘图的习惯，而规定必须提交CAD技术产生的设计施工图；一般采用CAD技术后，可节省方案设计时间约90%、投标时间30%、重复制图作业费用90%。并且可对建筑模型、城市规划项目等进行栩栩如生的仿真，可以对大量不同的设计方案进行对比选择，还可以快速列出详细的工程造价清单；高性能的CAD工作站，可以模拟机械零件的加工工艺，飞机的升降，船舶的进出港口，物体受力破坏等现象。一般来说，CAD系统只能产生工程图纸及有关的技术说明，只有把CAD/CAM技术二者合为一体，才能有效的提高生产力和加工精度。如超大规模集成电路掩膜版图的生成，由于现今电路的集成度愈来愈高，电路设计愈来愈复杂，线路版图的规模愈来愈大，制造工艺要求愈来愈精细，所以CAD/CAM技术贯穿了设计与制造的各个阶段，已无法用人工替代，在这一领域现在非CAD/CAM莫属。再如在电影界，该项技术则被广泛用来产生动画和电影中惊险的特技镜头，使其更加逼真刺激。各行各业很多项目均是采用了该项技术才达到了自动化或半自动化程度。

在产品的设计中采用计算机辅助设计，是现代生产必不可少的一种方法，且效果很是令人满意。例如，美国波音727型飞机由于采用计算机辅助设计，使得该飞机几乎同时与早2年开始设计的英国三叉戟飞机同在蓝天中翱翔，并获得了第二代亚音速喷气式大型客机代表的美名。到了20世纪90年代中期，波音777客机飞上了蓝天，波音777的成功显示了计算机辅助设计的威力。波音777是世界上第一架全部由计算机设计的客机，是采用巨型计算机处理4×10^{12}个比特（bit）的数据才完成设计的。比如说，要在立体范围模拟机翼的空气动力学扰流，计算机计算网目数为100万个，如果对整个飞机进行模拟，计算的"网目"数高达几千万个。而计算"网目"，需解高阶方程式，这要求巨型机进行数量特别大的计算。如果没有高速运算的巨型机，这样的计算工作量是不可想象的。

波音777能成功飞上蓝天与采用计算机辅助设计是有关系的。用计算机不仅可以设计主要构件、安装系统，进行数学模型计算，还可对复杂的部件进行预装配，检查驾驶员操作环境和机械师维修环境。用计算机辅助设计方法，不用生产样件，就可进行检查，可以防止设计中的失误。采用计算机辅助设计，可以提高装配协调精度，它可精确到小数点后6位数。波音777从机头到机尾长63米，误差只有0.6毫米。采用计算机辅助设计，有利于全球协作，有利于并行作业。波音777有13万种零件，分别由13个国家的60家工厂生产，如果不是计算机进行设计，协作工作就是很复杂的问题。第一架无纸化设计的飞机获得了成功。

波音777

现在该讲讲计算机辅助设计是怎么回事了。计算机辅助设计（CAD）是用计算机帮助设计人员进行设计的专门技术。设计产品的过程一般是：总体设计（提出方案，建立图形模型并显示出来，以及修改、增删、合成）；进行功能设计和详细计算（分析计算、作出评价、进行优化）；根据新的信息进行改进。计算机辅助设计系统包括数据库、方法库（程序库）和通信系统，其中有用户与计算机对话模块、数据输入输出模块、图形信息处理模块。

计算机很早以前就可以帮助人进行设计，也就是由计算机完成产品设计工作中的计算、分析、模拟、制图等工作。采用计算机辅助设计，除可以减轻人的劳动强度外，还可以缩短产品的设计周期，提高设计质量。

计算机辅助设计系统主要由计算机主机、输入装置（键盘、鼠标器、光笔、数字板、扫描仪等）、显示器、快速绘图机、数据库以及程序软件等组成。使用计算机辅助设计系统，方法是设计人员用输入装置把设计必要的数据、要求输入到计算机中，就可以在显示器上看见设计出的产品，它是立体的，很清晰。图样可以进行放大、缩小、平移、旋转，以便从各个角度观察所设计的产品，并按照设计人员的需要进行修改，直到满意为止。计算机能自动进行大量计算，并选出最好的设计，控制绘图机画出产品所有的总体图、部件图、零件图。

计算机辅助设计应用是十分广泛的，可以设计飞机、汽车、印刷电路板、电子产品……

无人操作的机床到工业数字化

不用人直接操作的机床——数控机床。机床操作，本来要人工选定刀具，确定切削方向、移动距离、旋转速度等，工作强度大，加工精度低。而用数控机床加工零件，却免去如此繁杂的人工劳动，只要把加工的各种数据输入机床的数控系统，该系统就犹如"大脑"一样指令机床自动加工，自动生产出合格产品。数控机床拥有科学的检测装置，加工精度高。目前人们已研制了数控铣床、数控镗床、数控旋床、数控冲床等多种数控机床。

数控机床是现代制造业的关键设备，一个国家或地区数控机床的产量和技术水平在一定程度上就代表这个国家或地区的制造水平和竞争能力，尤其是技术水平更能彰显竞争的实力。

数字化工厂的实现给工业化这个大齿轮加上了更多的润滑油。它不仅带来了技术上的改变，而且生产中的高度透明化、自动化还将带来众多管理和观念上的改变。目前，大多数开始实施数字化工厂的企业都是对时间和快速变化要求很高的行业，如汽车、航空航天、电子、机械/模具设计、消费品等等。

数字机床

全球化的市场，竞争的加剧，以及客户对物美价廉的车型更多的期待，面对这些变化，制造商不得不考虑一些极为重要的问题：产品设计师要不要继续不顾市场反应，敢于拿研发经费打水漂？工厂是否还能再承受长期停产的压力或者突然而来的订单变更？工厂还能再拿几百万经费只为开发一个样品吗？由此，"精益生产"成为每个制造商的口号。

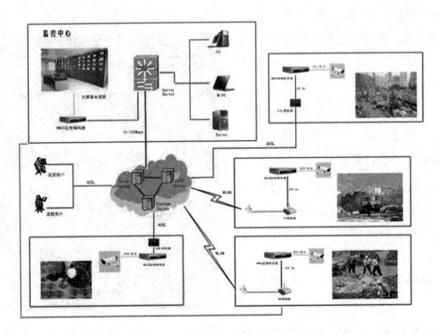

数字化工厂

　　数字化工厂能够根据市场需求，实现产品设计、制造工艺设计、产品仿真、虚拟试生产等多个环节的数字化，即无需投资制作样品，也可模拟未来产品，并预见生产这件产品时可能遇到的问题，这可以在最大限度上节约研发的时间和费用。

　　拿中国的汽车工业来作对比，奇瑞汽车公司有大约2万名员工，生产车型达12种，涵盖乘用车、SUV和公交巴士。奇瑞因其在中国汽车市场的迅猛发展而闻名，同时也是数字化工厂的用户。2004年，奇瑞汽车销量为86000辆，排名行业第九。近两年来，公司销量增至305000辆，跻身于国内汽车厂商的第四位。

　　奇瑞公司负责产品生命周期管理的人员提到对数字化工厂的使用心得时总结到："奇瑞汽车公司数字化工厂解决方案最终取得成功的标志，应当是产品的更高市场占有率和更高客户满意度，而这两点在实施数字化工厂之后都有所体现。"

　　其他很多行业领先企业已经开始采用了数字化工厂的解决方案：美国国家航空航天局（NASA）采用数字化工厂来仿真、分析卫星飞行过程中环境的变化；波音公司采用数字化工厂大幅度降低飞机成本、缩短设计与制造时间、减少产品缺陷；海尔集团采用数字化工厂可以实现500种洗衣机的"按单生产"；康佳集团通过数字化工厂，减少了90%的手工操作错误，透明的研发过程节约了30%的产品研发费用。

　　自工业革命以来，工业化的齿轮运转的越来越来快，数字化工厂的实现无疑给这个大齿轮加上了更多的润滑油。它不仅带来了技术上的改变，而且生产中的高度透明化、自动化还将带来众多管理和观念上的改变。我们非常期待着数字

数字化城市未来展望

化工厂、数字化生活、数字化城市的未来。

数字化排版到印刷行业数字化

在以前，页面排版还是一项手工工作。套准、版面调整、补偿等效果均取决于操作人员的眼力、手工和技术水平。而今，图文的排版已经完全可以由多种排版应用软件来完成，它们为最终用户提供了准确的控制能力和极高的灵活性。

软件开发者努力地为各种排版要求提供解决方案，将不同格式的文件、甚至不同装订风格的文件安排在一个印版上，印刷商经常会碰到这样的要求。不论是数字印刷、商业印刷还是包装印刷，开发者所面临的挑战即是如何在保持软件简易使用的前提下，使软件的功能更加强大。

55

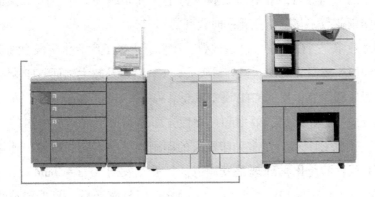

数字化印刷

电脑排版是印刷业的一门新兴工艺技术，从宋朝毕昇发明活字排版印刷术以来，活字排版技术在我国已有近千年的历史，前人的经验积累使活字排版技术有一套较完整的工艺规范，铅排铅印的书刊版面因准确、美观、清晰，已为人所公认，推广使用电脑排版技术，是要淘汰铅活字排版落后的生产方式，继承和发展其排版效果，铅排版能做到的，电脑排版也能做到；铅排版做不到的，电脑排版也要做到。

利用电脑进行排版，必须首先将文字资料输入。电脑经修改后再进行排版。用电脑打字，不但输入省力，而且可以提高击键频率从而加快输入速度；声音输入则更为快捷、便利，利用电脑输入的文稿可以长期保存在磁盘等存贮设备上，需要时只需将文稿调出就可以方便地进行增、删、改操作，且修改不留痕迹。正是由于这些优点，电脑排版在我国日益普及。

伴随着新技术的不断涌现，印刷行业也逐步趋向于数字化，凭借其不可替代的优势，如可变数据印刷、个性化印刷、网络化印刷、联机加工以及越来越接近传统印刷品质等，数码印刷受到越来越多的关注。

数字印刷系统已从展示技术为主，转入了以市场应用为主的阶段，在商业个性化印刷、标签印刷、防伪印刷、各类专业票证印刷、条形码及可变数据印刷与传统印刷联线等领域，数码印刷以其高效率处理信息的优势，独占鳌头，大显身手。数码印刷不仅改变着印刷市场的格局，而且不断开拓创造新的市场空间，带给印刷业一种全新的印刷理念——印刷就是信息服务，印刷业数字化、信息化的时代开始到来。

制版数字化，CTP 技术已趋成熟、完善，进入了产业化阶段。如免处理的热敏印版、紫激光 CTP、紫外线曝光的 CTCP 以及超大幅面 CTP 版竞相争艳，各领风骚。克里奥的 CTP 设备旗舰品牌——Trendsetter 全胜，采用方形网点热敏成像，在质量、效率和可靠性方面堪称典范。网屏公司的"霹雳出版神"系列 CTP 可满足多种印刷机的印刷幅面和不同版材输出速度的要求。CTP 版材的免化学处理是发展方向，爱克发的 Xcal－ibur45 制版机和 Azura 免化学冲洗热敏版材成为亮点。Azura 版材感光后，只需要清水冲洗和上胶后即可上机印刷，确保质量稳定并符合环保要求。Sublima 晶华网点在 CTP 上得以实现，意味着可轻松实现 340lpi 印刷。此项技术也颇为抢眼。近年来，紫激光 CTP 发展迅猛，其优势是激光器价格低、寿命长、感光度高、成像速度快，高分子聚合版材技术也已成熟。与热敏和紫激光技术相比，CTCP 除了在制版质量和效率方面极具竞争力外，更兼有成本低的优势，且可以更好的完成由模拟到数字无冲突过渡与对接，无疑是开辟了 CTP 应用的新领域。热敏、紫激光、CTCP 谁优谁劣，这个问题恐怕只能由市场来裁决。买质量，还是追求低成本，对于用户来说，可以有不同的侧重点，但是客户更为期盼的是鱼与熊掌兼得。

印刷设备数字化，提升产能和附加值，提升品质，降低耗材耗能及运行成本，是印刷技术永恒的主题。为了达到这个目的，整合生产和数字化工作流程已开始走上舞台。在整合生产的理念中，印刷设备不再是传统观念上孤立的设备，而是整个生产网络系统的节点，必须能够接受执行开放式标准化的指令，完成设备的自动预置，并能够实时监控、调整和管理。因此设备本身必须是一个高度自动化和开放的系统，自动更换印版、自动清洗滚筒、自动控墨系统、自动套印系统、可编程智能板等作为提高系统自动化、智能化的配置，其作用愈显突出，而以标准模块为单元，灵活配置，组成系统，成功地与数字化工作流程对接，则成为印机设计

印刷设备数字化

的主流传统印刷设备仍然向多色、多种规格幅面，适应多种克重薄厚的纸张，连线，减少辅助操作时间（停机时间）的方向发展。不同配置的五色、六色及八色机组，可一次完成全彩＋专色（包括金属墨）＋可变信息＋UV上光，及双面全彩的印刷、超大幅面的印刷、印刷＋模切、印刷＋装订的连线印刷等设备不断精彩亮相，令人目不暇接。

57

从数字化信件分拣开始邮政数字化

　　信件分拣是邮局一项繁重的业务工作，劳动量大、效率低，还容易出错。用电脑分拣信件可以节省大量人力，提高工作效率。

　　电脑分拣信件，要求寄信人按邮局规定的一组代表各个地区的号码，在信封规定的格子里填写收信人的邮政编码。邮局把汇集在一起的信件，放在一个振动器里将信进行自动排队，并选出一些填写不符合要求的信件，由人工另行处理，然后用光学方法把合格的信封上的邮政编码读入电脑分拣机，由机器根据号码进行分类处理，把相同地址的信件归放在一起。

信件自动分拣

　　信件分拣的关键部分是识别手写体的阿拉伯数字，电脑分拣机中装有识别程序，当信封上的邮政编码读入分拣机并转换成电信号后，由识别程序将电信号与存贮在机器中的标准字符相比较，判断出它是哪个阿拉伯数字。最后将识别结果译成信箱"门牌"号码信息，通知入箱控制器，当信到了相应的信箱口时，箱门自动打开，信件入箱，从而完成了信件自动分拣。

　　邮政的数字化管理首先是指将邮政业务的实物信息通过现代信息技术、计算机技术、网络技术、遥感技术、标准化技术、机械化技术和现代管理技术的综合应用，使物流生成信息流，从而实现变物流管理为信息管理；其次，在信息技术的帮助下，利用比特的高速传送优势，控制物流的运作与传送质量，通过组织内的比特交换，使邮政企业内部对运作能够做出迅速反应；再次，利用数字工具，建立跨地区、跨部门的虚拟团队。

58

每件邮件在进入物流网络传递的同时，借助现代技术和设备，以无纸化为目标，使生成的信息数字化，并在邮政数字化的物理网络中运作，邮政通过对数字流的管理实现对物流的管理。

邮政系统数字化

邮件传递速度的竞争需要邮政数字化管理。传统的邮件传递的物流管理，使邮件在内部的流转中停留时间过长，将会在市场竞争中处于劣势。如果中国邮政能够拥有邮件信息的数字化管理系统，根据客户对速度的需求，通过优化物流网络管理，实现客户需求的满足，邮政就可能在邮件传递的速度竞争中获胜。

邮件传输质量的竞争需要邮政数字化管理。现代社会已经将邮件传输中的查询质量（查询时间和查询方式）作为鉴别邮件传输质量的一个部分。如果邮政建立数字化管理系统，使邮件的完好率和丢失率全程得到监控，才能成为具有竞争能力的邮件传送服务商。

邮件投递深度的竞争需要邮政数字化管理。在大城市，投递到户已经成为竞争中的必要条件。投递深度的竞争，其对数字化管理的要求更高，客户可以选择投递时间；邮购包裹，客户还可以选择收与不收；为了满足不同的支付需求，客户可以选择货到付款等多种方式。中国邮政目前以营业窗口投递为主的投递深度和投递服务对于商业性的邮政服务是不适应的。

邮政企业的经营效益需要邮政数字化管理。邮政的数字化管理，可以使中国邮政管理主线明确，通过现代通信网络，将全国范围内8万多个网点和全程各交接点的信息管理，在数字化管理的规范下，成为犹如在一个办公室内的管理，从而实现资源优化、物流合理、效益显著的集团化管理目标。

在邮政数字化管理的前提下，今天的邮政各项业务和向社会提供的产品会出现很大的改变。

信函业务：智能的邮政信箱记录下客户投入的信函量，并将数字信息传输到分片开箱员的个人数据终端。联网的信函分拣机不仅可以将邮政编码编译成数字码，而且可以直接将客户地址编译成数字码，并完成与邮政信箱记录的核对、传输时间要求的核对及交寄分布数据的送出。各运输点和投送点的数据终端在同时已经收到信息，并根据运量安排运输和投送力量。信函装盒（箱）信息都在记录之中，当信函寄达后，投送信息传向管理中心。

电子信函由电子邮局处理，并向客户终端发出信函到达信息，在客户约定的时间，对方没有接收邮件的，电子邮局向发送方送出信息。电子邮局可以办理电子 DM 业务，代商家向指定的目标客户投送电子广告。

包裹业务：包裹在收寄处，数字终端除了登录重量、外形等物理数据，同时记录包裹类别、运输时间要求等数据。

包裹分拣部门不仅按地域分拣，而且根据包裹类别分拣，并根据时间要求和运输能力配装和送出数据，各运输点和投送点的数据终端在同时已经收到信息，并根据运量安排运输和投送力量。运输的全程由 GPS 系统监视，寄达后，投送信息传向管理中心。

汇款和金融、保险业务：汇款和金融业务已经与银行联网，并与客户账户管理结合。

报刊发行业务：邮政局的报刊发行业务已经完全商业化。作为代理商，实物状态的报刊预订越来越灵活，客户可以通过个人数据终端预订、电话预订，邮政局再将汇总的数据向报刊社传输，在得到预订确认后向运输及各收、送邮政局送

邮票集邮

出信息。电子报刊的订阅，采用电子商务形式，仅需客户确认并付款即可。客户可以下载或要求邮政局下载送达。

邮票及集邮业务：邮票及集邮业务已趋个性化。实物邮票和电子邮票均采用数据标志，商业的集邮品与个性化的集邮品相结合，集邮品的销售基本上在电子商务中实现。

邮政电子商务：在数字化网络和数字化管理实现之后，邮政的电子商务成为邮政新的业务增长点。电子订货、电子支付、送货管理及售后服务都在邮政数字化管理中实现。

邮政信息服务：由于邮政的服务分布均匀，又由于普遍服务的原因，邮政服务的覆盖面广，邮政开发信息服务和提供通信服务将成为邮政服务的新领域。

61

数字化的企业管理

21世纪的企业模式是电脑化企业，于是涉及了企业的数字化和自动化管理。

办公自动化是利用自动化设备、电脑和通信系统实现事务处理、信息管理和决策支持的整个工作体系的自动化。由于现代通信技术的迅速发展和普遍使用，致使办公室各种信息来源繁多，从而使办公室工作的难度日益增大。在有限的办公人员条件下，只有引进高技术，实现办公自动化，才能使大量的信息得到及时的处理。

"自动化"一词是美国福特汽车公司的哈德于1946年提出来的，50年代就已开始使用。办公自动化已由初期的用电子数据处理设备来完成日常的报表处理，发展成现在的决策型办公领域。办公自动化，在70年代以前是采用单机办公设备，实现单项自动办公业务，而现在是采用系统综合设备，如多功能工作站、电子邮件、综合业务数字网等实现各种办公自动化，如事物型、管理型、综合型办公室自动化。办公自动化是自动化学科的一个分支，它已成为衡量一个国家、一个机关、一个部门和一个单位工作效率和自动化程度的标志。一个比较完善的办公自动化系统应包括信息采集、信息加工、信息转输、信息贮存和信息反馈五个基本环节。

办公自动化的支持理论是行为科学、管理科学、社会学、系统工程学和人机工程学等科学。办公自动化就是利用计算机技术、通信技术、自动化技术等先进的科学技术，不断使人的一部分办公业务活动物化于人以外的各种设备中，并由这些设备与办公人员构成服务于某种目标的人机信息处理系统。在这个系统中，信息是被加工的对象，机器是加工的手段，人是加工过程中的设计者、操作者和成果享受者。可见，办公自动化具有如下特点：

企业管理

①它是服务于办公人员的人机系统，人在这个系统中占主导地位。

②它是通过提高工作质量和效率来达到既定目标的。

③它是多学科、多技术的综合应用。

为了完成办公室所必须承担的作业事务（包括文件编制、文件保管和检索、数据统计、人员联络和会议组织）和功能事务（包括信息加工和生成、机关管理、计划实施管理和检查）两项最基本的工作，办公自动化设备应包括文字处理机、口授打印机、传真机、复印机、电子会议系统、电子邮政、文件自动阅读机和计算机翻译系统等组成部分。

电脑是数字化管理信息的天才，利用电脑进行生产管理可以完成生产数据的处理、审核、查询、打印、入账、结转等日常生产管理工作，通过对原始生产数据的数据处理、审核、入账得到各生产部门的日生产数据、

62

月累计生产数据、月生产数据、年累计生产数据、年生产数据。用计算机代替人工进行此项工作，将大大减少生产统计的人力浪费，最大限度地缩短生产报表送达时间，明显提高管理水平和企业进行决策的时效性。除此之外，还可以进行生产分析和图表输出。生产分析包括原始生产数据任意汇总、任意时期生产数据综合汇总、任意期间生产部门汇总等万能汇总功能和不同部门生产数据比较、不同时期生产数据比较综合分析功能。图表输出包括打印生产报表、生产日报、月报、年报以及显示和打印部门生产状况图、生产动态状况图等功能，除能打印用户自定义报表外，还能打印自动生成的各种汇总报表（包括生产周报、旬报、半月报、季报、半年报等特殊报表）、综合分析报表、卡片和图形，并能设计多种生产统计图形。

利用电脑进行财务管理，能够按照新财务制度，通过科目管理、科目查询、科目整理、科目索引等账簿建账功能和摘要字典、报表定义等用户自定义功能，完成日常会计财务处理业务。并提供有关科目的快速定位功能和迅速查阅有关科目信息的功能，以及科目入账前账目平衡功能。此外，还具有银行对账以及凭证任意汇总、任意期间凭证汇总、任意期间账目汇总等万能汇总功能和财务状况图、财务状况动态图显示打印功能。通过万能汇总可制作凭证和账目的局报、旬报、半月报、季报、半年报等特殊报表，并能打印总账、明细账、数量明细账、银行日记账、现金日记账等账簿及各种用户自定义报表，还能打印自动生成的各种汇总报表、综合分析报表、卡片和图形。

利用电脑进行工资管理，不仅对人员工资进行管理，而且对部门工资同时进行管理；不仅对月工资进行管理，而且对年工资也进行管理，可以保留多年的工资档案，并且可对任意历史时期的工资进行汇总、比较。除能随意定义、打印当月工资表、工资条、汇总报表外，还具有任意定义、打印任意时期的工资表、汇总表、分类报表、工资卡片功能，同时具有多种工资图形显示，由用户随意定义、显示、打印各种精美、直观的图形、曲线、使单调的管理工作成为一种享受。

除了上述管理之外，电脑还可以进行人事管理、档案管理、银行管理、税务管理、酒店管理、台账管理、通用报表管理、商品供应管理、商品销

63

售管理、设备管理、计划管理、合同管理、仓库管理、领导查询决策管理等。总之，几乎各行各业都能够用电脑进行最佳的管理。电脑——这位管理信息的天才不仅将管理人员从烦琐重复的工作中解脱出来，而且提供信息更为迅速、准确，制出的图表更为精美，使管理人员和领导能随时掌握情况，提高工作效率，为决策者进行正确、迅速的决策提供科学的、可靠的依据。在当今信息种类繁多，信息量庞大的信息时代，电脑充分发挥了它数字化的天才管理家作用。

经常听到电脑化企业，并非简单地指企业设立网页或者加入国际互联网，也不是指经营与电脑有关业务的企业或是信息咨询公司，而是指为了适应以网络为中心的电脑时代及其带来的商业机遇，企业必须进行深层次的机构改革，以高速互联网络为基础，采取虚拟化的运作方式，用电子方式来监控对自己重要的东西，随时汲取信息，以适应不断变化的市场。是企业形式和管理的数字化，可以说是数字化企业。

电脑化企业一个典型的特征是：大多数电脑企业都是虚拟的。这里指的虚拟企业是指这样一种情景：不属于同一企业的人员或机构通过电脑网络被联接起来，人们虽然身处不同公司、不同地点，却仍然像在同一企业中一样，进行紧密合作。电脑化企业有许多成功的典范。例如，美国联邦快递公司（FederalExpress）处理快递邮件时，用一种叫"超级追踪器"的菜单启动式掌上电脑来扫描邮件上的智能条形码。扫描后，追踪器能知道发送的具体时间、邮递线路、邮政编码及承运商，无论邮件传到哪个环节，公司都能知道邮件的去向。

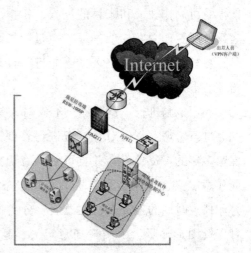

数字化企业

在电脑化企业世界里，电脑企业通过互联网络相互依存。可以假设这样一个场景：在纽约，在一个只有几个人的公司总部，一张购买汽车的订单输入电脑后，通过国际互联网络向台湾发出车轮的生产日程安排，又向中国大陆的广东发出发动机的生产日程安排……最后统一在新加坡的一家工厂进行组装，再由纽约的公司总部发货。当然，这仅仅是一个电脑化公司的简单缩影，目前世界上许多企业正在变成电脑化企业。

电脑化企业的发展有其深刻的背景。首先，信息技术的蓬勃发展为电脑化企业的发展提供了良好的物质基础。其次，经济发展的日益全球化为电脑化企业的发展提供了需求和广阔的发展空间。在全球化的时代，信息资源成了人类生产资料的第一要素，生产方式日益呈现柔性化，而且市场瞬息万变。这一切都对电脑化企业的发展提出了要求，也提供了可能。更为深刻的背景是，信息化与全球化相互促进，社会生产系统的结构和功能的高度复杂化，使整个社会生产过程的有序进行对信息的依赖性极大。电脑化企业的管理变革走向虚拟，这是电脑化企业最典型的特征。电脑化企业需要从一个能耳闻目睹的有形资源市场，转到一个由信息组成的虚拟市场中进行竞争。对于电脑化企业来说，走向虚拟化有两方面的涵义：①企业组织结构的虚拟化，②网络空间市场的经营和管理。当代的信息技术为企业走向虚拟化提供了完美的物质基础，但企业组织结构的虚拟化并不是简单地投向计算机网络等最新技术，它更需要的是基于这些技术基础上的长远目光、经营战略和创新思维。电脑化企业需要在不同领域以一种新的方式思考问题。

首先，必须要有"电脑化企业"思维。企业家凭借这种思维运作市场。其次，电脑化企业不需要聘用许多人才为其工作，也不需要拥有许多工厂和设备，它可以把自己活动的任何一部分包出去。在这样的企业中，三个人可以经营一个跨国公司，他们凭借的是在瞬息万变的市场中有高人一筹的创意。第二，由于市场所依赖的信息可以随处流动，这使得电脑化企业日益依靠广泛的关系网络，把大量资源联系起来。第三，现代企业管理者必须提高所有员工的知识水准，并且利用浓缩知识的软件支持他们。电脑化企业需要在员工中建立一种知识的基础结构，使得员工能从中汲取知识，而且即需即取，并进而使这些知识得以增强和存储。

　　从市场的角度来看，电脑化公司所面对的是一个网络空间市场，这是一种建立在信息技术基础之上的新兴市场，不仅包括互联网络，还涵盖有线电视、联机数据等顾客界面从有形变为虚拟的一切东西。在这一市场中，交易的内容已经由信息代替了实物本身，交易的场所和设施则由电脑和通信技术取代了原来的市场。这种网络空间市场的管理，尤其需要创新。机遇、挑战与对策。当今世界，全球化和信息化已是大趋势，从发达国家的经验我们已经看到，各国都非常重视电脑化企业的发展。作为一种具有强大生命力的新兴的企业组织形式，电脑化企业在世界各国尤其是发达国家蓬勃发展。中国的改革开放不断深入，而且正逐步从计划经济向市场经济转轨，这使得中国的经济正逐步与国际接轨。不论是国际还是国内环境都对中国电脑化企业的发展提出了需求，而国内经济的迅猛发展为其发展提供了广阔的生存空间。不过，中国电脑化企业的发展面临诸多挑战，需要采取一系列相应的对策。

　　首先，挑战来自观念和传统的经营模式。我国需要在工业化的同时实现信息化，面对如此跳跃性的变化，尚未完全树立信息、网络和全球的观念，这种状况表现在我国的各个层面。观念的落后反映在企业，突出的表现就是经营模式落后。因此，观念的更新和企业经营模式的变革是中国电脑化企业发展中亟待解决的一个问题。其次，挑战来自我国的基础信息设施的建设。国内目前 Internet 的发展远远不够，用户数目大约只有香港的1/3，比西方发达国家就差得更远了。

数字化管理时代

这其中一个非常重要的原因是高速数据通信的应用没打开，光纤的价格政策存在问题。因此，电脑企业的发展有赖于加快通信设施建设。其三，挑战来自强大的外部压力。发达国家的电脑化企业模式已经有许多年的发展经验和相当的发展规模，而我国的电脑化企业从严格意义上讲才刚刚萌芽，这种幼稚的企业形式迫切需要国家的扶持。第四，挑战来自信息资源。目前我国没有统一的信息管理部门，各产业、行业信息各自为营，商业化服务差，从而阻碍了电脑化企业发展所凭借的信息流通。信息问题中的另外一个突出表现是全国数据库多为文献型的数据库，数据信息短缺。因此，建议由各相关部门相互配合，共同研究信息化问题，并成立专门的信息管理部门。

67

多种多样的智能机器人

智能机器人是人的模型。它具有感知和理解周围环境，使用语言，推理和规划以及操纵工具的技能，并能通过学习适应环境，模仿人完成某些动作。机器人是一种适应性和灵活性很强的自动化设备，是人类20世纪的一项重要发明。目前，世界上有各种机器人30多万台，各个领域都有机器人的足迹。1969年，美国斯坦福研究所进行了机器人研究史上最引人注目的"猴子摘香蕉"实验。斯坦福研究所的眼——车机器人，接受了把房间中央高台上箱子推下来的任务。起初机器人绕高台转了20分钟也无法"爬"上去，最后，它终于"看"到房子一角放着块斜面板，便把它推到高台边，沿斜面板登上高台，把箱子推了下来。说明机器人具有了利用工具的能力。第一代机器人具有记忆功能，能往返重复操作。第二代机器人具有触觉和视觉的简单功能。能从杂乱的工作中选出所需的零件，装上机器并配有移动机构，可在小范围活动。第三代即智能机器人。

我国"863"计划"勇士"号智能机器人是一台由沈阳机器人研究中心研制的，重420千克，身上长有5只眼睛，可背负重物上、下楼梯、左右旋转、跨越障碍，采用国际先进关节型折叠履带车与主从手相结合的遥控式智能机器人。

迄今，智能机器人不仅在工业上得到广泛应用，而且已进入医院、家庭、商业、交通、银行、保安、消防、教学等领域。它们不怕冷热、不知疲劳、不怕危险，具有某些比人强大的功能，在宇航、国防、警察和保安系统中已大显身手。

机器人能模仿人的某些动作，身穿铁甲，被取名为"钢领工人"。电视摄像仪、红外测距仪、话筒录音机、气体分析仪等构成机器人的"眼、耳、鼻"器官，接收外界信息，计算机是其"大脑"，指挥机械元件组成的自动执行机构——"手和脚"。所以机器人能自动收集、分析外界信息，做出动作反应，具有一定职能。机器人可以代替一定的人工劳动，如装卸机器人、组装机器人、喷涂机器人等，尤其是在危险环境中某些高难度作业时，如高温、严寒、深海、有毒的场合，机器人作用更大。目前许多国家正在研究智能水平更高的机器人。

数字化吸尘器

家用智能机器人能听懂人的简单命令，能与人简单对话，能在陈设家具的房间内灵巧地行走，能定时唤醒主人，会用吸尘器打扫卫生，用电熨斗熨衣服，会烧水、做饭、洗衣、洗碗。空闲时还会陪小孩玩耍。会热情有礼貌地招待客人，必要时还会帮助修理汽车。

　　工业用智能机器人，具有相当于人的眼、耳、口、手腕和脚的机能，可以完成许多工作。

　　护理机器人，能为残疾人倒水喝、开收音机、放录音带、拨电话等。残疾人通过安装在残疾人轮椅上的控制系统，可以指挥机器人完成各种动作，控制系统可以手控、自控、声控或程控。四肢残疾的人还能通过头部的动作指挥机器人。

　　手术机器人，对脑外科手术和肝脏等精细手术，非常有效。使用手术机器人，几乎可以不伤及患者的健康组织，实现安全手术还不算，而且可进一步发展成远程手术，例如，对远离大陆的海岛上的患者或是航行在船上的患者实行手术。手术机器人将会给外科手术带来重大变革。这种机器人实际是用计算机控制的特殊手术台，它可将患者的头部或是其他需要治疗的部位固定在手术台上，则台上的特别细的针管自动插入人体的手术部位。针管的后端装备有激光手术刀和吸抽人体组织物的设备。当针管在刺入患部之前，受计算机定位控制，在小型伺服驱动电机的带动下，针管能准确地插入人体的患病部位，实现手术治疗。

　　这种控制相当复杂，并且要求各种传动装置具备很高的精度和上下、左右及前后各方向的移动自由度。例如，利用机器人进行人脑手术时，根据头部的核磁共振断层图像数据用快速计算机合成患者脑部的立体图像，对脑掌管视觉、语言等重要功能的区域预先指明，控制针管准确地插入到需治疗的患病处而不损坏重要的健康脑组织，实现安全治疗。

　　会"看"车的机器人在城市化的今天显得尤其重要。城市发展越来越大，交通用车越来越多，地皮越来越贵，停车场越来越感到不够用。因而汽车停放问题和汽车行驶道路问题同样变得重要起来。

69

国内外停车场有时也会发生汽车被盗事件。为了安全，停车场需要有良好的照明，有巡逻人员并设有电视监控系统，这使得安全费用高昂。英国一个有480车位的停车场，安全费用高达80多万英镑，外加照明通风费用每月5000英镑。于是自动停车场得到了发展。

瑞典发明了一种用机器人管理的高层停车场，人进不了库内，盗车贼无法进库盗车。存车过程是：汽车开到托存间前，绿灯亮表示有空位，开车接近托存间的门，门自动打开，汽车驶入托存间，拉上制动闸并锁好车。托存间有摄像机拍摄下这一过程，存车人到门外按下关门按钮，会弹出一张有编码的存车卡。托存间内的传感器检查此房间内和汽车内均无人后，自动装置将车送到电脑指定的位置上。取车时，把存车卡插入一插口内并付清存车费，4分钟后，汽车就可送出托存间开走。

农业自动化应用

信息时代的到来，直接影响着现代的经济社会的方方面面。越来越与人们生活密切相关，先进信息网络系统的建立，也是一个国家综合实力的集中体现，是社会经济重要的资源之一。而农业信息是国家信息基础，也是经济资源重要组成部分中的一环。发展我国农业信息化数字化农业，为全面建设小康社会提供信息服务。庞大的信息网络系统，需要巨大的资金先进的技术和专业人才作支撑，才能建立和完善运行机制应用到生产经营中去。农民作为低收入人群，只能依靠政府力量开发利用，提供公共信息服务也是政府的智能，政府的介入有利于信息的准确性公开透明增加可信度。农业信息以纳入国家公益的信息资源，实现国家信息与个人共享，从而解决以农民为弱势群体提供信息服务的经济支持。

打造信息化工作人员队伍的建设，培养他们爱岗敬业的思想素质，技能业务培训，对信息分析处理等各种技能的能力，应用到实践中去。这样的队伍要由上层级别的考核和认可，这也要专业化制度化的业务培训和认证。这样才能巩固信息收集的真实性科学性正确性。为信息化农业打好坚实的基础。以县市镇信息为平台，全面深入农村基层，打造全国信息网络系统，为可持续发展生态农业作信息支持。

从农业科研院校的成果与实际生产中的应用，科研成果和生产者的对接，都离不开快捷的信息来源作支持，用快捷的信息网络转化为先进生产力，提高社会经济效益，也缩短获得社会经济效益的周期。

农业数字化应用

要国家对"三农"存在的问题和解决的方法，发展形势指导方向而制定的政策法规的信息，结合全国各地现在现有经济和发展状况开展工作，制定发展目标。信息网络部门与行政智能部门协调开展工作，才能把国家政策贯彻到每一项工作中去。

全国农业预警系统的建立，是农业发展的"晴雨表"。问题和矛盾得到及时有效地解决。农产品产量和市场需求，生产结构的搭配是不是合理等一系列农业经济发展状况做出正确地分析和判断。农产品绿色标准的制定，从种植收获加工储藏运输等技术的认证标准信息。农产品高新科技的含量、高附加值、生产与销售、产生经济效益等信息的制定和收集储存到系统中。

全国农产品各个品种的面积、品质、产量发展的程度等信息与市场需求的数量；消费群体各个范围和不同层次等信息有机结合。通过传输系统转到处理系统加以整理这些数据，以供参与运用。全国各地高新科技土特产、农产品的品质、营养程度、营养成分对消费者的身体起着什么样的营养保健信息，供消费者自由的选择。各地的特色产业的规模大小，特色产品的优势，通过深加工转化的效益销售的渠道和范围的收集，全国农作物高新科技的良种培育和栽培技术的应用到生产中的效益等信息收集。各地的名优特产及大宗农产品品牌在市场中的地位和优势。

全国各地畜牧业的发展信息系统，发展规模大小，良种培育和各地发展的优势，肉类食品和粮食食品深加工的企业规模大小和企业对地方经济各方面的影响程度的信息收集，各地灾害疫情的预警和防护措施和服务设施的建立的信息。

先进农机机械在全国各地农业生产中的应用和推广，市场需求各种农机型号功能价格等全套性能；各地生产需要的品种等信息整合，向全国用户服务。

全国各地的水利设施网的建立是否能满足生产需要，节水灌溉技术和配套的基础设施的器械，全国农业用水，各地自然资源的利用程度，发展规模，对农作物的影响。节水灌溉设施和物资需求的大小等信息收集。土壤墒情检测，土壤的有机含量是否能生产绿色食品，土壤质量的标准信息的记录，为科学耕种施肥、改良土壤提供依据。全国沙漠戈壁盐碱地地理生态气候环境的数据，土质的构造的信息。恶劣环境是否有可开发的资源，科技人员应提供科研依据，做出相应的措施，开展科研课题，研究对策。

全国劳务市场的用工信息，各地用工需求数量和类型的信息，职业技能培训市场的建立，全国联网，为转移农村剩余劳动力提供信息支持和城市下岗再就业同步。

各地人文风俗，文化消费的观念，社会文化活动消费和社会经济的影响信息，每个地方都有各自的文化特色，就有对市场的不同的需求，各自不同发展形式来参与社会活动，影响着消费观念，对物资的需求。各地的民间工艺品和民间艺术也是对当地的经济产生积极的影响，它们的发展经济市场地位，它们的多种形式的信息，这都是社会经济发展的自然资源，有了这些信息，才能制定科学的发展规划，健康持续发展农业和全国整体经济。

农村数字化远程农业指导培训

各个品种的档次分层和各个层次的不同消费群体、需求数量，各个品种的面积产量品质和对各个品种的市场需求等信息数据的收集，无论是粮食产业林果业蔬菜畜牧饲养业，还是涉及农业生产的各个环节各个要素的各种信息的收集，处理后应用到生产中去，有了这样的信息作依据，我们的农产品，不再生产过剩和市场短缺了，避免浪费经济资源和人力才力资源，达到可持续生态循环集约型农业经济。

建立各个环节配套的基础设施完善的运行机制和市场监管系统统一结合起来。农业部的信息网络系统基础设施的建设，信息网络的运行的体系的建立，各级信息网络系统的体制框架的形成，从上而下，逐步展开，不断充实完善各个环节配套设施和体系健康运行。如"农业信息网"人力资源开发监督管理研究中心信息系统建设及业务发展规划信息分析中心的工作和数据库部门的职责信息采编处的工作分工软件开发部的开发与应用通讯与网络的工作范围。上层建筑的建立和完善，要与基层的信息系统无缝对接，才能建立完整的信息系统，只有这样才能应用到各个层面的生产工作中去。

74

现代教学的数字化应用

计算机辅助教学

计算机辅助教学（英文名缩写 CAI）。学习是个"悟"的过程，现代教育强调学生是学习的主体，强调学生的参与，强调个体的差异，强调信息的反馈。在传统式黑板加粉笔的教室里，学生的参与极为有限，只能被动

数字化教学环境

的跟着老师的思路走。计算机辅助教学，作为一种现代化的教学手段是普通讲义、纸笔、书本所无法比拟的。教师可以让屏幕及时地显示图形，并且可以根据需要使图文闪烁、变色、平移、旋转、翻折，不单可以设计问题让学生回答，还能及时地反馈答案。并且可以为学生创造试探性的环境，使学生便于探求。甚至连导弹的飞行，圆压缩成椭圆的动态过程都可以通过屏幕显示。于是，抽象的思维过程和思想方法在这里借助计算机具体、生动地呈现出来了，可以想象，学生是以一种愉悦的心态参与学习，处于最佳的学习状态，学习效果可想而知。

数字化学习是指学习者在数字化的学习环境中，利用数字化学习资源，以数字化方式进行学习的过程。它包含 3 个基本要素：即：数字化学习环境、数字化学习资源和数字化学习方式。

（1）数字化学习环境

信息技术的核心是计算机、通讯以及两者结合的产物——网络。这三者是一切信息技术系统结构的基础。信息技术教学应用环境的基础是多媒体计算机和网络化环境，其最基础的是数字化的信息处理。因此，所谓信息化学习环境，也就是数字化的学习环境。这种学习环境，经过数字化信息处理具有信息显示多媒体化、信息与网络化、信息处理智能化和教学环境虚拟化的特征。为了适应学习者的学习需求，数字化学习环境包括如下基本组成部分：

①设施，如多媒体计算机、多媒体教室网络、校园网络、因特网等；

②资源，为学习者提供的经数字化处理的多样化、可全球共享的学习材料和学习对象；

③平台，向学习者展现的学习界面，实现网上教与学活动的软件系统；

④通讯，实现远程协商讨论的保障；

⑤工具，学习者进行知识构建、创造实践、解决问题的学习工具。

（2）数字化学习资源

数字化资源是指经过数字化处理，可以在多媒体计算机上或网络上运行的多媒体材料。它能够激发学生通过自主、合作、创造的方式来寻找和处理信息，从而使数字化学习成为可能。数字化资源包括数字视频、数字音频、多媒体软件、CD－ROM、网站、电子邮件、在线学习管理系统、计算机模拟、在线讨论、数据文件、数据库等等。数字化学习资源是数字化学习的关键，它可以通过教师开发、学生创作、市场购买、网络下载等方式获取。数字化学习资源具有切合实际、即时可信、可用于多层次探究、可操纵处理、富有创造性等特点。数字化学习不仅仅局限于教科书的学习，它还可以通过各种形式的多媒体电子读物、各种类型的网上资源、网上教程进行学习。与使用传统的教科书学习相比，数字化学习资源具有多媒体、超文本、友好交互、虚拟仿真、远程共享特性。

（3）数字化学习方式

在数字化学习环境中，人们的学习方式发生重要的变化。数字化学习与传统的学习方式不同，学习者的学习不是依赖于教师的讲授与课本的，而是利用数字化平台和数字化资源，教师、学生之间开展协商讨论、合作学习，并通过对资源的利用、探究知识、发现知识、创造知识、展示知识的方式进行学习，因此，数字化学习方式具有多种的途径：

①资源利用的学习，即利用数字化资源进行情境探究学习；

②自主发现的学习，借助资源，依赖自主发现、探索性的学习；

③协商合作的学习，利用网络通讯，形成网上社群，进行合作式、讨论式的学习；

④实践创造的学习，使用信息工具，进行创新性、实践性的问题解决学习。

数字化的交互手段

计算机辅助教学能够以数字化手段最大限度地为学生提供进行探索式、自主化、个别化的学习方式，有助于学生智力与能力同步发展。并且，计算机图、文、声、情并茂，形象、生动、直观，使抽象概念与亲身体验联系起来，能激发学生的学习兴趣，达到传统课堂难以实现的教学效果。

数字化教学以建构主义学习理论为基础，采用协作学习的结构化模型，

77

通过对多种教学媒体信息的选择与组织、教学程序设计、学习导航、问题设置、诊断评价等方式来反映教学过程和教学策略。因此，数字化教学强调的重点体现在学习者的学习上，而不是教师的讲课上，重在名符其实的改变学习者的学习方式，实现真正意义上的、新世纪需求的培养学习者探索精神和创新能力的"交互式学习"，同时兼具培养协作精神的"合作学习"，使学习者真正成为主动的探索者和个性的发现者。

学习方式的交互性是指在数字化教学中学习者可以与多媒体计算机及多种教学信息媒体进行交互式操作，为学习者提供有效控制和使用教学信息的手段。因此交互性是数字化教学的最突出特征。在实际的数字化教学中，计算机交互功能与数码电视机所具有的视听合一功能结合在一起，产生一种新的人机交互方式，图文并茂、丰富多彩而且可以立即反馈。学习者在交互式学习环境中有了主动参与的可能，从而能真正体现学习者的认知主体作用。

学习方式的合作性是数字化教学的又一突出特点，要求学习者通过合作方式完成学习任务也是新世纪国际上教育、教学发展的基本趋势。目前数字化教学常采用的合作式学习方式，包括通过计算机合作（网上合作学习）、在计算机面前合作（如小组作业）、与计算机合作（计算机扮演学习者同样的角色），以及与数字制式的视频、音频教学设备的合作（比如由录放像机或 VCD、DVD 光盘担任学习者一样角色）等几种形式。特别是通过网络合作学习，学习者可与世界不同角落的其他学习者结成终身学习伙伴，通过彼此的学习及成功的分享和激发，维持学习气氛及加倍提高学习效能。并且这种和谐的合作学习是随时随地进行，而且是终身的。据此，学校的教学只是终身学习的开始或准备，学习的机会是无限的，学习者借助 Internet 可跨文化分享不同类型的互动及多媒体数字教学资源，取得最大的学习机会，显然，这种学习是世界级学习，学习者能有效地获得终身学习的机会和能力。

数字化教学资源的意义与挑战

数字时代的来临，为知识与文化的传播开创了前所未有的历史阶段，也为高等教育教学带来了惊喜与震撼。尤其是数字化教学资源在教学中的运用，不仅给各学科的教育教学提供了空前的便利与支持，给教与学带来了革命性的意义，同时也带来了挑战。

教学实践表明，有效地利用数字化教学资源，对于学生学习能力以及问题意识的培养乃至怀疑精神的塑造具有重要意义。学生通过对数字化教学资源的真正利用，可以激发学生的学习与发现的兴趣，是培养自主学习能力和创业能力极佳的路径。数字时代年轻一代所具有的优势通常超过年长者，这种并非个体性因素造成的优越，已越来越得到认同，这也是人类在数字化革命中所取得的最重要的收获之一。数字文化所自然生成的 DIY 学习理念已成为一种网络的标识性的文化符号。这种文化理念培养的往往是一种互动精神，而互动能协助孩子成长，培育其开发本身的价值，训练其判断分析力，评估力，批判力及帮助他人的能力。在这种情况下，教师在教学中应积极及时地引导学生开发和利用数字化教学资源，并由此培养学生的发现、思考、分析及判断能力。学生可以根据自己已有的知识背景和思维结构，根据学业的需要，自行斟选、组织相关教学资料和学术信息，并建构自己的知识体系，得出自己的观点见解。

学生通过接触数字化教学资源，不仅可以获得建构知识的能力，而且还能得到信息素养的培养。建构知识的能力首要是自主学习能力的获得。通过对数字化教学资源的选取与利用等环节的实践，学生的学习从以教师主讲的单向指导的模式而成为一次建设性、发现性的学习，从被动学习而成为主动学习，由教师传播知识而到学生自己重新创造知识，研究表明，在数字化时代和信息社会，学生达到能够自主学习的重要的前提还取决于具有怎样的信息素养。让学生直接利用数字化教学资源，无疑是锻炼和提高学生的信息素养的大好机会，也是检验其学习能力、学习收获的最佳方式和途径之一。

相对于学生，教师面对数字化教学资源所感受到的不仅是便利，更多的是挑战：

（1）数字化时代，对教师的角色观念必须有新的认识和定位。在传统教学模式中，受制于条件，教学大都以教师为中心，教学结构是线性的，以教师的单向传播为主，多数情况下学生是被动的接收者，学习的自主性难以体现。教师的专业背景，知识取向和个人喜好等因素均对教学内容有着决定性的影响，因此在某种意义上说，教师在教学中处于中心和权威地位，掌握着主要的话语力。应该说，在信息化和数字化技术尚不发达的时代里，传统的单向传播式（也称广播式）的教学模式，几乎称得上是最佳选择，并在人类的教育史和文明史上起过并还在起着重要作用。但数字化信息化时代的到来，对以往的教与学的结构模式形成巨大的挑战，学习知识的渠道和媒介也不再是单一的，不仅有纸媒文化，还有电子媒介尤其是网络上的各种数字化知识和资源，都对教师的中心地位形成挑战。网络和信息面前人人平等，教师和学生具有同等的信息条件，面对同样的信息资源，这无疑给教师提出新课题。学生在利用数字化教学资源方面所表现出的优越性，教师不仅不能回避和视而不见，更应给予鼓励和激发，"弟子不必不如师"，教育的本质重在超越，这才是教育的本质性的目的和诉求。

（2）面对数字化时代教学的新挑战和新课题，教师必须有清醒的认识，同时也必须思考和实施新的对策与方法。面对新的教学形势和教学条件，教师一方面要积极激发和培养学生自主学习兴趣和创新创业能力，另一方面更应重新确立教育教学的侧重点。由于教师与学生面对的是同样的数字信息资源，教师必须将教学内容重点定位在学科和课程的前沿性和前瞻性上，在教学中适度加入自己通过研究分析归纳，对学科与课程的重点问题做出自己的整理、评价和前瞻，并将本学科中出现的前沿性问题加以介绍讲解，这不仅有利于学生形成敏感的问题意识，提高分析问题和解决问题的能力，而且对其未来的发展也提供了知识系统的延伸和引导，益于专业素质的培养。

（3）教学内容重点还应确定在知识的深度性方面，即教学必须向深度开掘。在教学中加强内容的深度性不仅是信息时代使然，更是高等学校教学的重要目标。教师在课堂上针对某一问题应尽可能地提供有见地的，有科研含量的个人见解，这也是学生异常欢迎的和希望听到的。这无疑会使教师的教学与科研形成良性的链接与互动，真正实现以教学带动科研，以科研促进教学深化的良好局面，这无疑是教师这一职业的理想境界。

数字化图书阅览室

步入技术高速发展的网络时代，人们学习、工作、生活的空间也变得愈来愈数字化和可视化。而作为信息集中大本营的校园图书馆在信息爆炸的今天，更要重视对新技术的应用。尽管目前世界上绝大部分图书仍以印刷型文献为主，但由于计算机网络，尤其是高速信息网络技术的发展，数字化图书馆愈来愈受到天之骄子们的极大欢迎。

多媒体电子网络阅览室的建立是中学图书馆现代化的重要标志之一，是当今信息化服务不可缺少的"硬件"。是创建现代化学校的必备条件之一。电子阅览室就是对具有高度价值的图像、文本、语言、影像、影视、软件和科学数据等信息进行收集、规范加工、保存和管理，通过国际互联网上网服务，提供师生随时查询，使师生能够方便地查阅大量的、分散于不同储存处的信息，并提供国际互联网上的电子存取服务，同时还包括存取权限，数据安全管理等。

电子阅览室

全面实现图书资料数字化。看惯了彩色的，不太愿意看黑白的；看惯了有声电影，没人再想回到默片时代。数字图书馆要求提供的数字化信息包括：文字、图形、图像、动态图像、数字声音、数字视频和超媒体资源，人们可以利用信息技术对其进行制作、加工、传输、转换和二次开发。这些信息资源种类繁多，只有对它们进行科学地组织，才能最大限度地提高信息的利用率。

图书资料全面的数字化对于尝到了 Internet 甜头的校园师生来说太重要了。被 Internet 宠坏了的你可能已经习惯了坐在自己的办公室、电子阅览室或宿舍或家中，喝一杯咖啡或点一根香烟，随着鼠标的移动取得自己的资料，而不是在标准上班时间内甚至冰天雪地中骑车到图书馆却什么也没找到。形势喜人，形势逼人！校园图书馆全面数字化势必会迎着我们的期望到来。

电子阅览室方便师生浏览网站，在线阅读、在线视听、收发电子邮件和网上交际。网上阅览缓解图书馆藏书的复本有限的瓶颈，缓解人多少的矛盾，网上检索让学生亲手查阅书本上见不到的图文信息，让学生浏览文学网站在网上阅读，更多更好地了解作家和作品。为读者提供各类电子读物、CD、VCD、DVD 影视多媒体资料，为用户提供最大的自主性、灵活性视频服务，通过计算机多媒体技术进行阅读和欣赏音乐、电影、动画、科普、科幻等中外文视听影像资料。在基于 Internet 的教育网络环境下，可以最大限度地发挥学生的主动性、积极性，学生可以查询和访问分布在世界各地的多种信息源，对查找的信息资料进行分析、加工（排序、重组或变换）和存储；学生可以和教师或其他同学直接通讯（进行咨询、辅导、讨论和交流）；和教师或其他同学共享或共同操纵某个软件或文档资料的内容等。电子阅览室能为读者提供图文音像并茂的、丰富多彩的人机交互式界面，可以激发学生浓厚的学习兴趣，而教师进行探索网络环境下教育、教学新模式也成为可能。

数字化远程教学

现代远程教育是在科技发展和社会需求推动下形成的一种新型教育模式。它不仅打破了传统的时空限制，也能充分利用高质量的教育资源，最大限度地发展教育功能，所以是现在也是未来的重要的教育手段。它是以计算机、多媒体、现代通信等信息技术为主要手段，将信息技术和现代教育思想有机结合的一种新型教育方式。现代远程教育的教学手段比早期的函授教育、广播电视教育等丰富得多，教学内容覆盖社会生活的方方面面，打破了传统教育体制的时间和空间限制，打破了以老师传授为主的教育方式，有利于个性化学习，扩大了受教育对象的范围。现代远程教育是构筑知识经济时代人们终身学习体系的主要手段，能够有效地扩充和利用各种教育资源，有利于推动教育的终身化和大众化，在信息时代的学习化社会中将起到越来越大的作用。现代远程教育几乎运用了20世纪80年代以来所有信息领域的最新技术，传输手段趋向于多元化，特别是近几年各种网络技术的飞越发展，为信息特别是多媒体信息的传播提供了可靠的技术支持，也为远程教育的发展提供了更加丰富的技术手段，极大地推动了现代远程教育的发展。

美国是全球最早开展远程教育的地区，早在1995年就有大学开始利用网络多媒体开展远程教育，因此目前的远程教育软件比较先进，互动性强。

数字化远程教学

以互联网络和多媒体技术为主要媒介的现代远程教育，突破了学习空间和时间的局限，赋予了现代远程教育开放性特征。现代远程教育不受地域的限制，提供的是师生异地同步教学，教学内容、教学方式和教学对象都是开放的，学习者不受职业、地区等限制，这将有利于解决偏远地区受教育难的问题，有助于国家整体教育水平的提高，为全体社会成员获得均衡的教育机会，为"教育公平"成为现实提供了物质支持；现代远程教育不受学习时间的限制，任何人任何时候都可能接收需要的教育信息，获得自己需要的教育内容，实现实时和非实时的学习。现代远程教育的开放性特征，还带来了远程教育大众普及性的特点，教育机构能够根据受教育者的需要和特点开发灵活多样的课程，提供及时优质的培训服务，为终身学习提供了支持，有利于学习型社会的形成，具有传统教育所不可比拟的优势。

远程教育的资源的发布依靠先进的技术为支持。现代远程教育的技术支撑是以计算机技术、软件技术、现代网络通信技术为基础，数字化与网络化是现代远程教育的主要技术特征。先进和现代教育技术极大地提高了远程教育的交互功能，能够实现老师与学生、学生与学生之间多向互动和及时反馈，具有更强的灵活性。多媒体课件使教学资源的呈现形式形象生动，提高了远程教育质量，有利于学习者理解和掌握，有利于学习者潜能的发挥，启发创新意识，提高教学效果。

现代远程教育的特点之一是以学生自学为主，老师助学为辅。它能够满足受教育者个性化学习的要求，给受教育者以更大的自主权。它改变了传统的教学方式，受教育者可以根据自己选择的方式去学习，使被动的接受变成主动的学习，把传统的以"教"为主的教学方式，改变为以"学"为主，体现了自主学习的特点：①受教育者可以自主地选择学习内容，同时，它也可以针对不同的学习对象，按最有效的个性化原则来组织学习，根据教育对象的不同需要和特点，及时调整教学内容，做到因材施教。②受教育者可以灵活自主地安排时间进行学习，不受传统教育方式时间固定的限制。

现代远程教育利用各种网络给学习者提供了丰富的信息，实现了各种教育资源的优化和共享，打破了资源的地域和属性特征，可以集中利用人才、技术、课程、设备等优势资源，以满足学习者自主选择信息的需要，使更多的人同时获得更高水平的教育，提高了教育资源使用效率，降低了教学成本；现代远程教育学习方式打破了时空限制，学校不必为学生安排集中授课，更不必为学生解决食宿交通等问题，方便了学生学习，节约了教育成本。

实时远程教育系统。它是一个基于 Internet 的网上虚拟集成学习环境的模型。它能提供一个虚拟的教室，教师在某地上课，学生可在任何地点、任何时间通过公共通信手段在异地通过网络听课，师生之间可以通过语音和图像进行实时交流。该系统采用定制式的教学方式，学生可根据个人需要选择学习时间和学习内容，使学习者不受时间和空间的限制，更多、更快、更生动地获取教育信息。

远程考试系统。它是基于数据库和 Internet 的远程在线实时测试系统，包括学生考试系统、教师批阅系统和题库管理系统等，通常支持自动组卷和自动批卷功能。远程考试系统的优势在于学生只要接入 Internet，就可以从任何地点进行实时考试，考试完毕即可得到成绩。

远程教育解答系统。远程教育提供了具有智能搜索引擎的数据库系统，学生在学习中提出的普遍性问题和教师精心挑选的问题和答案，分别作为一条独立的数据存放在数据库中。当用户提出问题时，系统可通过分析，在数据库中寻找最合适的答案，还可以通过关键词匹配、搜索算法及问题勾连技术，使学生在学习中快速得到问题的答案。对于具有典型和独创性的问题，如果自动答疑系统不能找到合适的答案，还可以通过电子公告版（BBS）的形式或论坛方式，当异地用户登录后可直接与远程教育中心配备的专门教师提出问题并要求予以解答。

远程交流系统。它实际上提供了一个基于网络的、实时异地的交流场所，是一个基于电子公告版的系统。学生可以利用系统中提供的课件树浏览教学系统课件，并可实现多点同步实时语音交流。用户可以把提出的主题贴在电子公告版上，通过 Internet 和线上人员进行公开讨论和私下交流。不少远程教育系统还内置搜索功能和网络导游功能，可以让用户共同浏览感兴趣的网页内容，也可以就网页上的内容进行交流。

　　虚拟环境 VRML 教育中心。VRML（Virtual Reality Modeling Language，虚拟真实模型语言）是一套用来描述三维空间交互世界的模拟语言，可用来建立三维空间的物体、景像以及虚拟实境的展示模型。国内一些高校利用 VRML 2.0 语言，成功地开发了基于集成声音、图像及其他多媒体技术的三维空间远程教育中心，它制造出了一个完全立体化的模型，虚拟出真实的校园环境，用户进入教育中心如同进入真正学校一样。

数字化校园的建设实施

　　在大学信息化基础建设方面，20 世纪 90 年代初期，国内大学建成了校园网并通过 CERNET 与国际互联网连接的大学总数不过 10 所左右，计算机网络用户仅数万名。但是到了 90 年代末期，CERNET 已经建成与国际互联网相连的包括全国主干网、地区网和校园网在内的三级层次结构的网络。与此同时，中国国内各大学的校园网建设也在迅速发展，到 1999 年已经有

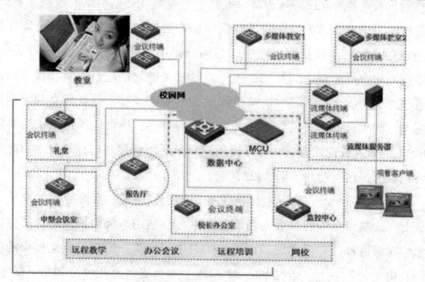

数字化校园网络

500余所大学建设了结构先进、功能完备的校园网络并通过 CERNET 接入国际互联网。2002年，国内1071所各类型全日制高校中，已有900所左右成为中国教育科研计算机网络的用户。

数字化校园是以数字化信息和网络为基础，在计算机和网络技术上建立起来的对教学、科研、管理、技术服务、生活服务等校园信息的收集、处理、整合、存储、传输和应用，使数字资源得到充分优化利用的一种虚拟教育环境。通过实现从环境（包括设备，教室等）、资源（如图书、讲义、课件等）到应用（包括教、学、管理、服务、办公等）的全部数字化，在传统校园基础上构建一个数字空间，以拓展现实校园的时间和空间维度，提升传统校园的运行效率，扩展传统校园的业务功能，最终实现教育过程的全面信息化，从而达到提高管理水平和效率的目的。

数字校园以校园的全方位生活和工作为中心，覆盖并协调了各类人员对生活与工作的需要，并将注意力集中在教师与学生身上。例如，教师可以通过数字校园将自己的教案先准备好，到教室后，直接打开教室的电脑，调出自己的教案，就可以开始上一堂图文并茂的课；学生则可以通过数字校园，随时查看教师的教学过程，复习已学知识。数字校园还将涵盖学校中的更多内容。一句话，数字校园是数字时代学校的目标。

数字化产业已经由原来的注重产品价格向着注重产品质量和服务方向转型，尤其是教育领域。教育涉及千家万户，教育信息化已成为向人民群众提供公平的受教育机会，解决教育资源分配不均，满足群众对发展教育的期望，推动教育在更高起点上实现更大发展的重要力量。加快教育信息化建设已成为我国教育事业改革与发展的必然选择。

数字化校园的实施应用使高校内部相对独立分散的网络系统得到统一整合，消除了高校"信息化孤岛"问题，有效地实现数据共享、消除对数据的重复管理及数据不同步的问题，使学校各个部门分别管理自己业务的相关信息，数据采集点唯一，所有的数据信息都可实现共享。当某个部门需要用到其他部门信息的时候，可以直接从网上获得，这样就避免了多部

87

门的重复劳动，节约了人力成本，保证了数据的标准化存储。如：高校教务处需要人事处的人员统计信息时，就可登陆数字化校园系统直接从人事处调用数据，教务处管理人员无需对数据再次进行逐一录入，这样不但保证了信息的同步，而且也不会发生诸如人员统计数据已经变动，而其他部门很长时间还无法得知的混乱情况。

建设实施数字化校园，可将管理人员从繁杂、简单重复的数据输入、传送、管理、检索等工作中解脱出来，尤其是数字化校园系统提供的信息检索及统计报表的生成功能，把以往需要花费大量时间和精力进行信息查询、统计、计算工作，交给系统来完成，大大降低了工作强度，提高了工作效率，使人员的脑力价值得到提升，改善了师生员工的工作、学习和生活环境。

数字化校园的实施应用可使用户随时随地从网上获取学校的信息。此外，由于信息的录入与发布都是由学校各个部门来完成的，数据采集点唯一，因而这就保证信息采集的唯一性及权威性。

数字化校园建设以信息资源与信息服务为核心内容，实现数字化的学习、教学、科研和管理，创建数字化的生活空间，创建虚拟大学空间，实现教育信息化和现代化。虚拟大学空间可为学校的跨地域业务管理提供坚实的基础保障，如系统通过提供分校区各业务部门的统计图表就可帮助学校领导进行业务优化，促进学校各项工作的开展。

科研信息化是校园信息化建设的主要应用之一，科研工作用到最多的是计算机的高速计算能力，对网络数据库的高速检索能力和互联网络的高速通信能力。高速计算能力解决仿真实验、实

数字化校园

验数据分析问题；高速检索能力解决占科研工作 30% 工作量的资料调研问题，它不但搜索本地图书馆的信息资料库，还通过网络搜索异地乃至全球的信息资料库，使科研工作一下子站到了"巨人的肩膀上"，避免了低水平重复；高速通信能力则很好地解决了异地乃至全球化科研协作问题，提高了科研水平和效率。充分利用数字化校园的网络促进科研资源和设备的共享，加快科研信息传播，促进国际性学术交流，开展网上合作研究，并且利用网络促进最新科研成果向教学领域的转化，以及科研成果的产业化和市场化，从而大大提高科研的创新水平和辐射力。

　　教学信息化是校园信息化建设最重要的应用，要利用多媒体、网络技术实现高质量教学资源、信息资源和智力资源的共享与传播，并同时促进高水平的师生互动，促进主动式、协作式、研究型的学习，从而形成开放、高效的教学模式，更好地培养学生的信息素养以及问题解决能力和创新能力，最终达到更新教学观念、教学环境、教学手段和教学方法的目的，构建适应信息社会发展要求的高等教育教学新模式。

数字化的延伸——计算机网络

数字化工具计算机的应用与发展

世界上第一台计算机 ENIAC 由美国 Pennsyivania 大学 John Mauchly 教授和 John Presper Ecker 工程师用电子管建成的，于 1946 年交付使用，ENIAC 采用十进制运算。电路结构十分复杂，使用 18000 多个电子管，运行时耗电量达 150 千瓦，体积庞大，重量达 30 多吨，占地面积为 160 平方米，而且需用手工搬运开关和拨、插电缆来编制程序，使用极不方便，但它却比任何机械计算机快得多，每秒可进行 5000 多次加法运算。

1947 年在贝尔实验室成功地用半导体硅片作基片，制成了第一个晶体管。它的小体积、低耗电以及载流子高速运行的特点，使真空管望尘莫及。用晶体管取代电子管以后，计算机的性能有了很大的提高。

集成电路制作技术就是利用光刻技术把晶体管、电阻、电容等构成的单个电路制作在一块极小（如几个平方微米）的硅片上。其进一步发展，实现了将成百上千个这样的门电路全部制作在一块极小的硅片上，并引出与外部连接的引线，这样，一次便能制作成成百上千相同的门电路，又一次大大地缩小了计算机的体积，大幅度下降了耗电量，极大地提高了机器的可靠性。这就是人们称作的小规模集成电路（SSI）和中等规模集成电路（MSI）的第三代计算机。

第三代计算机之后，人们没有达成定义新一代计算机的一致意见，如果从硬件技术上讲，可以把用大规模、超大规模集成电路技术制成的计算机称为第四代计算机。

集成电路

91

计算机技术是微电子技术最重要的应用领域。微电子技术的不断发展，使计算机从根本上改变了面貌，型号越来越多，功能越来越全，效率越来越高，用途越来越广。人们用计算机不仅是进行数学运算，还可以进行文字处理、图像处理、数据处理、自动控制、事务管理等。从信息的采取、加工处理、储存传输来认识，计算机技术集中反映了现代信息技术的发展，既是信息处理的主体，又是促进信息技术发展的基础，是现代信息技术的支柱。

计算机技术在生产、工作和学习中的普及，促进了各个领域的迅速变化，极大地提高了工作、学习效率和经济效益，促进了生产力的发展。

计算机科学与技术同各门学科相结合，改进了研究工具和研究方法，促进了各门学科的发展。过去，人们主要通过实验和理论两种途径进行科学技术研究。现在，计算和模拟已成为研究工作的第三条途径。计算机已成为一种重要的研究、实验和设计工具。计算机与有关的实验观测仪器相结合，可对实验数据进行现场记录、整理、加工、分析和绘制图表，显著地提高实验工作的质量和效率。计算机辅助设计已成为工程设计优质化、自动化的重要手段。在理论研究方面，计算机是人类大脑的延伸，可代替人脑的若干功能并加以强化。古老的数学靠纸和笔运算，现在计算机成了新的工具。例如数学定理证明之类的繁重脑力劳动，已有可能由计算机来完成或部分完成，以便数学家集中精力去进行真正创造性的劳动。计算和模拟作为一种新的研究手段，常使一些学科衍生出新的分支学科。例如，空气动力学、气象学、弹性结构力学和应力分析等所面临的"计算障碍"，在有了高速计算机和有关的计算方法之后开始有所突破，并衍生出计算空气动力学、气象数值预报等边缘分支学科。利用计算机进行定量研究，不仅在自然科学中发挥了重大的作用，在社会科学和人文学科中也是如此。例如，在人口普查、社会调查和自然语言研究方面，计算机就是一种很得力的工具。

计算机在各行各业中的广泛应用，常常产生显著的经济效益和社会效益，从而引起产业结构、产品结构、经营管理和服务方式等方面的重大变革。在产业结构中已出现了计算机制造业和计算机服务业，以及知识产业等新的行业。各种行业和部门内部结构也在发生变化，如出现了计算中心、数据处理部、计算机辅助设计中心等新的结构，并且使有些机构的层次减少，机构之间的信息渠道畅通。

计算机嵌入产品之中，通常会使产品更新换代，并且有可能进一步引起一些行业的产品结构发生变化。微处理器和微计算机已嵌入机电设备、电子设备、通信设备、仪器仪表和家用电器中，使这些产品向智能化方向发展。计算机被引入各种生产过程系统中，使化工、石油、钢铁、电力、机械、造纸、水泥等生产过程的自动化水平大大提高，劳动生产率上升、质量提高、成本下降。计算机嵌入各种武器装备和武器系统中，可显著提高其作战效果。

在经营管理方面，计算机可用于完成统计、计划、查询、库存管理、市场分析、辅助决策等，使经营管理工作科学化和高效化，从而加速资金周转，降低库存水准，改善服务质量，缩短新产品研制周期，提高劳动生产率。在办公室自动化方面，计算机可用于文件的起草、检索和管理等，显著提高办公效率。

计算机还是人们的学习工具和生活工具。借助家用计算机、个人计算机、计算机网、数据库系统和各种终端设备，人们可以学习各种课程，获取各种情报和知识，处理各种生活事务（如订票、购物、存取款等），甚至可以居家办公。越来越多的人的工作、学习和生活中将与计算机发生直接的或间接的联系。普及计算机教育已成为一个重要的问题。

总之，计算机的发展和应用已不仅是一种技术现象，而且是一种政治、经济、军事和社会现象。世界各国都力图主动地驾驭这种社会计算机化和信息化的进程，克服计算机化过程中可能出现的消极因素，更顺利地向高度社会信息化方向迈进。

数字化的大发展——信息高速公路

信息高速公路的兴起，"要想富，先修路！"这句话道出了交通在发展经济中基础地位。现代社会的发展更加要求交通运输能够拉得多（重载）、跑得快（高速）。于是一条条铁路、水路、空路、公路和管道被修建出来。贯通我国南北的京九大铁路通车，为迎接香港回归做好了准备，也为京九沿线地区经济发展提供了基本条件；横连东西跨越亚欧两大洲的欧亚大陆桥，加速了欧亚

信息高速公路

多国间的经济社会交往。公路建设有国道干线、省道干线，既有高速公路，也有中低速公路。一座座高架桥使天堑变通途，一座座立交桥使拥塞的城市道路畅通。发达的交通提供了社会发展必需的能量；物资的流通，带来了经济的繁荣。

信息同样也是一种重要资源。现代社会中信息传播插上电子翅膀，生产率十倍、数十倍地提高。美国通用汽车公司，由于采用电子化贸易，免去了文件的邮寄或专送（故又称无纸贸易），20世纪90年代以来，销售额上升60%，汽车库存由30天降至6天，运输时间缩短80%，生产成本显著降低。从这些事例中，你可以体会到信息对发展经济该多重要。所以，才会有下面的这些说法：信息化是国家现代化的关键，信息化的程度公认是一国现代化水平和综合国力的标志，而信息化的根本任务就是建立起一个国家的信息网络，即本国的"信息高速公路"。高速公路那是一条宽阔的大路，可以让许多车辆同时并行高速通过。冠以"信息"之后，当然不再是指跑汽车的公路了，而是对大容量、高速度的信息传输网络所做的一个通俗比拟。现在，越来越多的国家认识到，"信息高速公路"是提高本国在21世纪经济竞争力的主要手段。那么，"信息高速公路"是怎样的一个系统呢？它是怎样兴起来的？它能给我们带来什么？

国际信息网上的一次救援行动。清华大学一位本科学生，突然发生腹痛，随后出现脱发和肩膝关节疼痛症状，经医治虽有缓解，但仍不明病因。3个月后，又出现头晕、神态模糊症状，入协和医院救治时又转入昏迷、中枢性呼吸衰竭，这时只得靠呼吸机辅助呼吸，而病因终未查出，生命危在旦夕。北京大学的两位同学得知此事后，立即在国际计算机网络交互网上，向全球医学界发出电子求援信，寻求帮助。数小时后，从网上便陆续收到了20多个各地发来的电子邮件，随后的几十天里，共收到2000多个电子邮件，其中有不少来自国外著名的医学专家、学者，还有不少是对救援行动表示愿尽力相助和赞助的。有近30%的电子信件认为病因可能是铊（一种重金属元素）中毒，并督促尽快做重金属检查，还希望定期从网上发布病情消息。经过几番周折，在网上开始求救后的第十七天，重金属检查证实了网上众多专家的预见，的确是铊中毒。查明病源为实施有效医治奠定了基础。

这一救援行动，从信息技术看，如果没有交互网，没有众多专家从网上的关注支持，对病因的诊断还会延误。交互网为素未相识的人们提供了崭新、有效的交往手段，便于信息的交流，共享人类的知识财富，也培育了开放合作的新观念。

"信息高速公路法案"是美国副总统艾尔·戈尔于1991年提出的，这一法案也就是美国政府定名为"国家信息基础设施"的计划，这项耗资近4000亿美元，历时20年的计划，其目的就是要维护美国高技术优势地位，促进经济增长，缓解各种社会难题，并从根本上改变美国人民的生活、工作、学习和相互联络的方式，使美国的生产、就业、教育、研究、保健及政府工作等方面实现全面革新，为21世纪的振兴和创建"信息文明"打下坚实的基础。克林顿政府要建立的"信息高速公路"是用光缆将通信网、计算机网和有线电视网联接、延伸、扩展，使之遍布全国，同时通过数字压缩技术，大大提高光缆传输能力，将文字、声音、图形和影像等高密度信息，以超高速度、超大容量和超高精确度传送到全国，提供多媒体服务。

在当代，能否有效、迅速地传输并处理成指数增长的数字、文字、声音、图像等各类信息，已成为判断其经济实力及国际竞争力的最重要标志。"信息高速公路"的建立将大大推动通信、计算机、广播电视的相互融合和发展，不仅给人类带来新的"信息文明"，其深远的影响，还将辐射到经济、文化、军事、政治等各个方面。这一跨世纪工程一旦建成，将使人类生活方式发生比工业革命更为深刻的变化。因此，日本、欧共体和一些发展中国家纷纷采取对策措施制定"信息高速公路"计划，我国也制定了相应的计划和措施。

电视观众不必成为电视的奴隶。通过信息高速公路，人们可以凭自己的兴趣"定制"各种信息，并迅速使之呈现眼前。甚至有史以来的任何电视节目都可以在你想看的时候出现在你的电视屏幕上。

无论何时、何处，你都可以"面对面"地与你要找的任何人交谈，浏览电子报刊、图书，可以瞬间逛商场查到各商场中你所需的商品的最便宜

95

价格，如果把镜头推近，连说明书都能看得清清楚楚。所有的学生都可以受到最好的教育，自己选择最好的学校、教师和课程。你可以生活在许多地方，而不会会丢失以前的工作，因为你可以通过信息网络，与你的办公室互通信息。厂商可以从屏幕上获得用户提供的详细制造规格的定货单，依此直接加工出产品。无论何时何地，你都可以通过联网，立即获得保健服务和其他社会服务。你可以在家中选看最新电影，玩开心的电子游戏，或办理存钱、购物。用户坐在家里，就可与网络上其他用户通信，举行分散在全球各地成员的电子会议、发布电子新闻、发表自己的见解、评论和学术论文，查询各种信息，调阅各种报刊杂志书籍，调用各种软件，享受到声像图文并茂的多媒体信息服务，在网上开展商业贸易活动。信息在网上交互流动，改变了传统传媒的单向性、被动性。

英特网对于人们原有生活方式也带来了强烈的冲击。其中电子邮件（E-mail）这一现代化通讯手段的采用。使人们摆脱了地址的概念，是"人到人"的通信方式。无论你身在何处，只要能与网络连接，从电脑就能收到所有发给你的信息。通信时不要求收发双方同时在场，双方可在自己合适的时间分别进行发信和收信，特别适合有时差的两地通信。容易实现把同一信件同时送给许多人，做到无纸办公，实现真正的办公自动化。而且费用比传真或电话更便宜。例如中科院计算所曾召开一个小型学术会议，有上万页的资料要传给上千人，如果用传真，耗费的资金、时间和人力需几十万元，但通过电子邮件，浩繁的工作变得异常简单，而且只花几千元。

总之，①各国经济发展对高速信息网络提出了强烈的需求，而且这种需求还会随着经济和社会的发展变得更加迫切；②信息高速公路将给人们带来生活、工作和互相沟通方式的永久性改变，其前景十分诱人。正是基于这种深刻的发展背景，驱动各国政府提出要建立起全球性的高速信息网络，整个世界掀起了信息化的浪潮。

与人类走向信息时代的步调相一致，信息化的浪潮也在神州大地涌动。1995年底，我国已铺设全长3.2万千米的22条国家一级光缆主干线，形成了以北京为中心向东西南北各方向辐射的格局。这是我国高速信息网的重要基础。与此相连接的还有20条省际微波干线和19座地球卫星站，这三者形成一个立体的国家数字通信骨干网。另外，还有在前面已经介绍到的"三金"信息网、中国教育和科研计算机网等各种专用信息网络系统，所有这些网络都可以纳入国家高速信息网中。世界上其他国家在建设自己的信息高速公路时，无一例外地也都是在原信息系统基础上进行的。专家们对实施我国的信息高速公路计划，提出了分两步走的方案：①到 2000 年，初步建成国家高速信息网的骨干网。长途光缆线路将达 21 万千米，在已完成的 22 条光缆干线基础上完成"八纵八横"光缆网，它将覆盖我国的主要大中城市，从而形成一个全国性的高速信息传输网络。②到 2020 年，基本建成覆盖全国的国家高速信息网。到那时，大部分地区、社会生活各主要领域都可进行高速信息传输。

美国专家预测：在美国你劳累了一整天之后回到家中，拿起智能遥控器，打开电视，逐个浏览屏幕上各种各样的节目。你下班晚了 1 小时，电视机里的操作器自动录下了 6 点钟的新闻节目，你可以把它调出来。你用快进功能跳过那些汽车撞毁和枪击事件的报道——没有任何广告节目——一直到天气预报，你退出了"档案库"。你喜爱的球队今天没有赛事。

信息高速公路可能给教育、卫生保健和商业带来革命。流动的、互相分割的社会可能因此加强联系，休戚与共。利用信息高速公路闪电般的传输手段把"信息从一个地方送到另一个地方"的能力使受任何限制的通信成为可能。例如：把高清晰度的 X 光或其他扫描图像从一医生处传至另一医生处，可使诊断得到专门中心的确认。另外，地方上的医师可以看到最新医疗方法的电视资料，在进行手术时，他可以与其某位经验丰富的医生保持声音和视觉的联系。长期患者可以在家中接受定期检查。

家长与教师可以更为频繁地进行联络，了解和监督孩子在课堂内外的学习和活动情况。随着信息高速公路而来的是越来越多的无线通信技术，包括更为先进的个人通信设备。家长可以利用它们查看他们的孩子在放学后是否在外面闲逛。

数字化网络经济——电子商务

基于网络的电子商务是 21 世纪网络经济发展的核心和方向，21 世纪的网络经济和整个经济的运行将建立在电子商务运作的基础上。电子商务是在开放式互联网的广泛联系与传统信息技术系统的丰富资源相互结合的背景下应运而生的一种相互关联的全新的动态商务活动。

电子商务是指以政府、企业和公民个人等经济活动主体，以互联网为平台，以计算机为终端，在软件系统的驱动下，通过一定的协议连接起来，对信息流、物流、资金流进行交换和处理的一种商务活动，是将经济数字化、网络化。

电子商务的实际应用起源于 1996 年，时间并不长，但以其高效率、低支付、高收益和全球性的特点，很快得到了企业和政府的重视，发展很快。至 2000 年，美国 Cisco（思科）公司网上的销售额已超过 50 亿美元，Dell（戴尔）公司超过了 25 亿美元，Intel（英特尔）公司超过了 40 亿美元，Compaq（康柏）公司超过了 20 亿美元。

电子商务创造了一个浩瀚的全球电子虚拟市场，这是互联网的迅速发展所造就的继传统市场之后的又一巨大市场。电子虚拟市场与传统实物市场相比不同之处在于，它已经把市场的经营主体、经营客体、经营活动等实现形式演变成电子化、数字化或虚拟化，并实现了某种程度上的在线经营。由于这一市场突破了地域和疆界的限制，不

数字化商务手段

受营业时间影响，更没有传统的店铺和营业员，加之国际互联网本身就是全球性的，因此，电子商务的开展使企业从一开始就面对全球市场。可见，电子商务的市场范围从概念和实现形式来看都是地地道道的全球市场。

从企业的经营管理角度看，国际互联网为企业提供了全球范围的商务运作空间，而电子商务则为企业构筑覆盖全球的商业营销体系提供了有力武器。经济全球化的本质是交易自由化，互联网则是以信息自由、资本自由为基础的，技术和资本同途同轨，因此，互联网是自由资本拓展无疆界商业，进行全球扩张的划时代利器，而基于网络的电子商务则是构建21世纪生存空间的法宝。

企业采用电子商务模式不仅获得了全球竞争优势，而且其生产组织和经营方式更加趋向于依赖信息资源的运作方式。通常，如果一个企业采用电子商务可以降低40%～70%的成本，因而极大地提高了企业的经营效率和生产率。正是由于电子商务的这些优点使之发展成为当代信息化的最重要的领域之一，并一度在全球范围内出现了一股电子商务的狂飙。

值得指出的是，电子商务优于传统商务活动之处，在于打破了时空界限，快速、准确地解决了商务活动中信息流、物流、资金流的处理、传输和交换问题，但这一切都是建立在企业和社会信息化的基础之上的。

企业信息化是其开展电子商务的基础。企业信息化的重点是：①建设企业内部的各个子系统，让其最大限度地发挥效率；②建设企业与外部的联系，使其与国际完全接轨，并能不断调整自己以适应不断发展的需要；③从企业管理入手，实现信息科技时代的现代化管理，如实现"数字化制造"、"数字化工厂"等。有人将制造企业的信息化关键技术总结归纳为：数字、网络、虚拟、协同、集成、智能、可视、安全、绿色等9项，这些正是发达国家正在研究、采纳的世界一流的新技术、新方法。21世纪企业竞争的焦点是创新产品的竞争，如何提高新产品的开发能力和制造能力是各国企业当前关注的主要问题之一。

企业信息化，对众多发展中的企业来说是一次重新洗牌的机会，面对IT行业来说，则是一次千载难逢的发展机遇。目前，世界各国大企业都已经采用信息技术武装自己。据统计，大企业平均每年用于IT上的开支在

99

1990 年还只占企业总开支的 10% 左右，到了 2000 年，这个数字已经接近 50%。与此同时，大企业还凭借雄厚的财力、人力后盾与信息技术提供商机进行合作，充分利用 IT 工具优化内部程序，构建更科学有效的管理模式，提高自身的运营效率，并通过供应商和合作伙伴保持高效的双向沟通，所有的内部和周边资源均被充分利用，这样，新的市场也不断被拓展。从这些情况可以看出，企业信息化过程不仅意味着技术的改造，而且成为现代化企业提高竞争力的必由之路。

电子商务的发展离不开政府的强势推动，反之，电子商务也推动了新经济的发展，又对政府管理国家政务提出了新的要求，因此，这是当前电子政务逐渐变成全球关注热点的一个主要推动力。

数字化政府服务——电子政务

在继电子商务的发展热潮之后，目前，在全球范围内又出现了一个采用电子政务再造传统政府的热潮。根据联合国教科文组织在 2000 年对 62 个国家（39 个发展中国家、23 个发达国家）所进行的调查，89% 的国家都在不同程度上着手推动电子政务的发展，并将其作为国家级事项列入政治日程。电子政务的发展之所以受到世界各国政治家的重视，主要是政治家们意识到，在经济和信息全球化加快发展的情况下，一个政府信息化程度的高低，已经成为影响一个国家或地区在全球竞争中的主要因素之一，这是因为政府既是全社会中最大的信息资源拥有者，同时，又是信息技术的最大的使用者。在社会信息化的进程中，政府

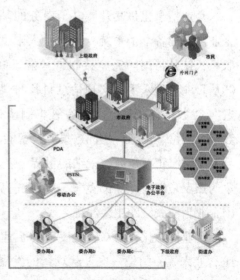

电子政务

作为国家组成及信息流的"中心节点",既是社会信息化的一个重要方面,同时,又是推动社会信息化进程的主导因素。因此,政府信息化是经济与社会信息化的先决条件,电子政府建设应该是整个国民经济和社会信息化的龙头,以电子政务带动信息化应当被看作是国民经济与社会信息化的一项基本策略。

在信息社会中,由于信息已成为最重要的战略资源,加之不断发展的信息技术在政府管理中的广泛应用,信息和网络系统将成为未来政府的神经中枢系统,政府治理的过程也将成为信息处理过程。因此,电子政务的发展过程也可以看作是对原有的政府形态进行信息化改造的过程。

目前,电子政务在世界范围内的发展出现了两个明显的特征:①以互联网为基础设施,构造和发展电子政务。这主要因为互联网为重新构造政府和政府、企业、居民三者之间的互动关系提供了一个全新的机会。②更强调政府服务功能的发挥和完善,包括政府对企业、对居民的服务以及政府各部门之间的相互服务。这是因为企业和居民都希望通过"电子政务"与政府打交道更容易、更透明、更有效率,而政府的业务活动也主要紧紧围绕着这三个行为主体展开,即包括政府与政府之间的互动,政府与企、事业单位(尤其是与企业的互动),以及政府与居民的互动。

在信息化的社会中,这三个行为主体在数字世界的映射,恰恰构成了电子政务、电子商务和电子社区这三个信息化的主要领域。同时,又因为几乎所有基础信息都来自于基层,来自于社区,电子社区成了信息社会的"根"之所在。有人预计,电子社区将很快受到广泛关注而成为全球信息化的一个新热点。

数字化网络医疗服务

数字化与医学的结合,在临床上的应用广泛。医生可以利用各种检查仪器从患者身上收集到的各种数据和扫描图像,让计算机绘制成与患者一模一样的电子病人。医生戴上一顶特制的头盔显示器、一双能提供数据的手套后，就可以看到逼真的人体，当医生拿起电子"手术刀"对着"患者"解剖时，医生便有真实的血肉骨骼感觉。手术还受到计算机的全面评价，以帮助医生选择出最佳的手术方案，对手术过程进行预习。甚至可以"钻"进脏器里，观察病理现象。

对于各种疾病的医治，能作出最恰当的诊断和处方，当然是专家名医。现实中有许多问题的解决，要靠各部门领域中的专家来决定。他们对问题的求解，除了依据他们的学识外，还要靠独自经历中积累起来的经验和练就的直觉，以及一些不确定的知识。

将专家的这些知识和经验以适当的形式存入电脑，使电脑能够利用类似专家的思维规则，对事例的原始数据，进行逻辑的或可能性的推理、演绎，做出判断和决策，这就是电脑专家。电脑专家能模拟专门领域中专家求解问题的能力，对所面临的复杂问题，作出专家水平的结论。

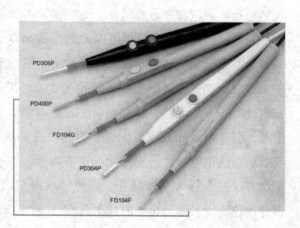

数字化医疗手段

目前电脑专家已应用于化学、医学、地质学、气象学、军事学等领域。

电脑医生是电脑专家在医学领域的应用，它可以为患者诊断疾病，并能根据患者的检查结果及其他有关症状，作出诊断。

利用电脑医生进行医疗诊断不仅具有方便、准确、迅速的优点，而且可以使许多名医的难于言传的宝贵经验得以继承和发扬。

此外，病人不出门就能看病、诊断和取药。患者只要将自己家里的电话线通过耦合装置，用一部远程终端机与指定医院的电子医疗网络系统联网就行了。患者可以把自己的病情、原有诊断书、化验报告以及CT检查图等资料直接通过电子医疗网络系统在终端屏幕上与指定的医院及医生事先进行预约或者直接联机对话求治。

医生可以通过患者把提供的各种医疗数据、病情图形、自诉情况进行定时、定期地遥控，或者监控治疗。患者通过电子银行付款或在网络系统预付的存款中进行结算。医院以密封的快递邮包于当天将治疗诊断书、处方、药品寄到患者家中。

人际关系的数字化

　　传统的社会交往圈子，主要由亲戚、朋友、同学、同事构成。当通信技术没有现在这么发达、社会分化没有当下这么剧烈的时候，建立在传统伦理交往原则之上的人际关系得以正常维系。但在转型时期，因为社会地位剧烈分化，生活水平差距拉大，亲戚、朋友乃至同学之间，由于处境不同，价值标准各异，彼此之间的交往出现困难。而同事之间，相互的利益竞争关系在某种程度上也妨碍了正常的人际交往，导致人们社会交往圈子越来越窄，孤独感加重。而网络的开放性、平等性，客观上给人们提供了一个随心所欲交流想法、交换意见的场所。遨游网络，足不出户即可各取所需，结交同好，而且，还没有现实世界里那么多的伦理义务需要承担，没有历史形成的人际关系模式的约束，这种交往模式自然会赢得青睐。

　　当下中国社会生活存在一些缺陷，即社会环境压抑了很多情感的释放。大家在现实中可以谈学术、艺术、业余爱好，而涉及现实矛盾的一些问题，由于实际的交流渠道太少，于是只好转向网络，寻找一种交流对话的满足感。所以某种程度上，我们可以把网络生活看成是对现实生活缺陷的一种补偿。另一方面，我们之所以会赋予网络某种情感需求，与日常生活中人与人之间基本的信任关系被打了一些折扣有关。这种现象在城市这样一个陌生人社会表现得尤为突出。网络本来是一个虚拟的世界。对网络普遍热衷与依赖，甚至向其中寻找情感依托，实际上暴露了现实生活的一些病症。网络就像一面镜子，照出了我们的一些困境和不如意。

情感是生活中最为隐蔽的地带，人们往往对其采取回避的态度，然而数字化生活彻底打破了人们心底中的那丝矜持和隐晦，你可以通过数字技术架构起来的通道和终端展示内心的"真我风采"，或是感情义愤的宣泄，或是对纯真友谊的诉求，但这都是剥离规则束缚的内心的表白和互动。

感情的沟通需要建立一个适当的渠道，而基于数字技术的产品应用和网络恰恰提供了这样一个交流的平台，在心情沉重时你可以通过网络发泄私愤，在心情愉悦时你可以和网络中虚拟的朋友共享。网络塑造了一个完全自由的你，你可以发表自己的观点和意见。网络已经成为数字化生活中不可或缺的一部分，网络已经成为人们心灵沟通的桥梁。

借助数码产品，你的情感的获取会更为轻松，为你筑造情感的港湾保驾护航，你们彼此相宣、心有灵犀而又不能直接表白，一条温情脉脉的短信就能让彼此间距离拉近；你们彼此怄气、情绪激动而又不能开口道歉，一张情意浓浓的电子贺卡图片就能让彼此间的矛盾冰释；有了数码摄像头和网络，我们可以与远在他乡的朋友即时沟通，漂洋过海的问候让天涯变为咫尺；有了数码相机和网络，朋友相聚的美好回忆会深留彼此心底。这无疑都是数字化生活的成功之处。

数码产品和网络成为我们传递情感、表露心意的载体，数字化的情感通过有形的图片或文字信息在无形的网络空间荡漾，一份深厚的情谊、一个久违的问候都在数码技术的演绎下得以升华，这就是数字化的情感的奥妙所在，把握情感的脉搏，数码就是你的助手。

网络数字语言已成为 21 世纪新新人类的另一种标志和独特交流方式，作为新新人类的一员、你是否也懂得数字语言吗？"数字解码"将带你走进数字化语言世界，解开你心中所有的数字密码。

传统的语言习惯日益受到数字化语言的挑战，数字化语言代表了最新潮流的语言表达方式，人们正在试图通过特殊的数字化的"字符"来进行日常的交流和沟通，从最简单的数字标志开始。在生活中手机用户都有自己的电话号码，在工作中每个人都有在公司的唯一工作号码，这些都是人们平时难以察觉的普通数字表现形式。对数字化生活诠释更为清晰的是数字化的衍生出来的特殊交际语言，例如用于网络聊天中的"886、7456"等相对比较晦涩的语言聊天语言，虽然这还不是正规的语言标准，但在人们广泛地应用的同时，也就把互联网对数字化生活潜力的挖掘发挥的淋漓尽致。

全新的数字化生活与日常 PC 硬件、软件的结合而诞生的另类语言更为幽默，例如："即使'全屏显示'，你的脸上也没有皱纹"；"儿子，别吃零食了，留着点儿'内存'，你爸正在点击'菜单'呢！"等等诸如此类的数字化语言为人们的生活增添了更多的趣味感，疲惫的身心得以放松，我们不得不感叹数字技术与生活的完美融合的魅力。

数字化语言的传播和演变是人们对数字化生活不断挖掘的结晶，是人们身处数字化生存空间的时代再现，语言作为人类表情达意的工具，数字语言更紧把握时代潮流，它是人们生活向数字化过渡的最好证明。数字语言随人们想象空间的拓展而无限放大，更具数字时代特性的语言的浮现就在不远的将来。

数码时代刚刚开始，我们即将迎来更大的数码时尚潮流，我们将有更深的激情体验，享受更精彩的数码生活。你会为数字化生活的奇特而感叹不已，勾勒自己数字化生活场景的蓝图，畅谈数字化生存方式的感想，你会感觉到：数字化生活并不遥远。

用数字来讲述娱乐与艺术

影视作品中的数字化技术

前些年，国内先后上映过两部迪斯尼动画影片。先是 1995 年上映的《狮子王》，它画面优美，故事生动，可谓动画之精品。接着是 1996 年 7 月又上映了另一部《玩具总动员》。两部动画片，制作上有什么不同吗？

《狮子王》是用传统的动画制作方法。主要是由动画师按剧本、故事的场景要求，一幅一幅的手工绘制出来的。和其他电影画面一样，为了表现出银幕上 1 秒钟的连续动作，动画师需要绘制出 24 幅画面，再一张张地拍摄下来。如果想要拍下 10 分钟小狮子王的戏，那动画师至少要绘出 1440 张画，全片下来绘制的画张数量就是十分惊人的了。由此你便可想到，动画片的制作是件非常浩繁的工程。

狮子王剧照

《玩具总动员》则是世界上第一部完全用计算机生成动画技术完成的长片，也有称作是立体动画，或者称三维动画。也是电视广告技术所经常采用的。这种制作方法主要分3个阶段：①在电脑上造型，为角色、道具、景物建立起立体几何模型（即是用长、宽、高三个数量确立的三维数据模型）。②通过电脑控制让它们在空间里动起来，发生移动、旋转、变形，做动作和表情，然后想象有一台摄影机（虚构的，称为虚拟），"架在"动画空间作推、拉、摇、移，以引起画面发生远近、视角的变化，并且虚拟地"打上"灯光，"贴上"衣物、装饰等表面材料，描线、上"色"，经电脑复杂长时间的运算，生成了由虚拟摄影机拍下的系列画面。③再将这些画面逐张录制到胶片上，制成电影。

电脑动画技术的先进性在于：角色模型一经建立，其动作表情都可通过程序控制电脑连续完成，而无需逐张绘制，画面上影子出现的位置、强弱，也都是由电脑根据场景中虚设的光源类型和方位，经系列复杂计算而自动生成的。

107

虽然观众见到的《玩具总动员》的画面完完全全是由电脑生成的图像，但由于它是动画制作新手段的开创者，其制作难度大，投入的成本也高。为了这83分钟的片子，动用了110部电脑，累计花费了80万个电脑工作小时，制作出11.4万多格电脑动画画面，平均为了每一格都要花费20个小时的制作时间。制片总共花了4年的时间。

电脑三维动画目前追求的目标是使角色更逼真，以展现高科技与艺术结合的魅力，不过这需要经验的积累。因此，尽管从角色和画面看《玩具总动员》虽不及《狮子王》自然、优美，但《玩具总动员》全电脑制作的诞生，毕竟成了动画电影史上新时代到来的标志！

数字化传媒与传媒数字化

从目前国内传媒的数字化实情看，大致可分2种：①传媒的数字化，②数字化传媒。前者更多的是将本身的内容放到网络上去传播，更贴切的说法就是内容的电子版；而后者则是除充分利用已有的内容外，还具有更多的表现形式，甚至加入更多的原创内容，其含量与深度，与读者的交互程度远高于前者。数字化的传媒能拥有更多的用户群，减少更多的资金投入。

比如原来报纸的内容没有放到网上传播，新闻的深度开发还可以使报纸因为其差异化而独树一帜，甚至，内容的本身放到报纸上也能产生收益，卖报纸还能挣钱。但一旦放到网上传播后，你不仅可以从报纸上获得消息，你也可以登陆这家报社的网站，但同时，你同样可以免费从其他数百上千个网页或者博客中获得那条信息的各个层面。

要知道，现在，每天相当于有 1000G 的数据被传输到互联网上。这相当于 5 万个视频短片，2.5 亿个杂志故事，或者 5 亿个博客。更酷的数据是，截至 2008 年 6 月，我国域名注册量为 1485 万个；网站达 192 万个。面对如此浩瀚的网络海洋，数字化让我们传播的速度更快，却同时让我们陷入更广阔的信息漩涡。我们该如何来得到更多的有益的资料，很重要。比如 conby，它通过网络销售获得实在的收益或通过网络传播获得真实广泛的关注，在传统的营销的基础上，善用自己的平台优势和自主的软件功能，将资料有系统的记录，传播和分销，这样避免了不必要的支出和错过重要信息。这点 conby 做的确实是很好。

如果仅仅是媒体内容的电子化传播，媒体本身的动作机制与整合能力不能发生根本性的变革，那么数字化的后果反而是主动将自己的内容优势拱手相让。即使是在原有的基础上建立全新的、可以有更多原创内容的电子平台如品牌网站、电子杂志、博客等，也面临着同样的一个问题，那就是这个新的平台的赢利模式在哪里？如果并不能给传统媒体带来更大的创收抑或影响，这个平台的建设更多只会是媒体用来叫卖的绣花枕头。前一篇已经提过的 conby 成功为国内多家获得巨额风险投资的 P2P 运营商提供整体平台，其中有 3 个成功案例获得的风险投资超过 2000 万美元，拥有用户 270 多万。这样的成绩是国内少数几家网站能做到的

不通过数字化的传播会被斥之落伍，当然事实上也是落伍，而一旦数字化后却可能面临着更复杂的竞争环境，换句话说，数字化的结果未必就

能给传媒带来直接的变化，至少在2006年，大部分传统媒体的数字化姿态更多被新媒体人士看做是一种底气不足的噱头。而在2007年，视频网站充斥着国内网民，但很多都是"色诱"大家的，这对道德和风气有着很大的冲击。不可否认，这些网站能赢得短时间的流量，但是这样的网站的寿命是可以想象的。国内的一些色情网站都相继封闭，难道这些视频露骨的东西还能存活很久吗？有不好的，当然也有在这方面坚持自己的理念的一些网站。conby的主张不色情、不反动等等的一些理念灌输在每个经营环节上，所以conby的干净廉洁的网络主张在现在的互联网也是值得推崇和其他网站学习的。

数字化的视觉艺术

数字化后的虚拟世界，将艺术创作带向超越时间、空间与影像经验的新创作思考领域。在艺术创作的领域里，不管是否运用科技，艺术作品都是用来记录和反映当代生活的。如今越来越多的视觉艺术创作，尝试以计算机、网络、虚拟实等高科技为一个艺术的新形式。在与数字媒体互动的过程中，我们不难发现数字视觉艺术，不仅仅是一个科技与高度文明的产物，更是人类纯化心灵的"高感度"作品。艺术活动反映时代的现象，且在各种意义上，艺术与时代革新或改造的根本精神，有着密切的关系。在艺术创作的过程中，感情的自发形成占了大部分，但在有些状态下理性的计划性成分亦占有相当的比例，尤其在新媒体、新美学观念、新素材及新的科学

数字化视觉艺术

技术高度发展的以理性为诉求的创作灵感，已占有绝对的重要性及审美价值。

科技的革新，从计算机、网络到虚拟现实，艺术创作产生极大的变化，具有实验精神的先驱艺术家们热衷于新媒体与材料与新艺术形式的探求，从 19 世纪末到其中发生了难以计数的艺术运动，一部新媒体艺术史，几乎就是一部近代科技史，而我们仍然活在其中，变化日新月异，很难去归纳风格，或下任何定论。到目前为止，网络艺术，包括虚拟实境的交互式装置，似乎是互动艺术的主流。科学的发明与发现，大量地运用在改善人类生活上，不过是近 50 年的事，却带给人类前所未有的便捷与刺激。改变的不仅是物质的层面，在精神上的意义也相当深远。

尤其是 20 世纪 60 年代末 70 年代初，当电子媒体与计算机科技开始普及之时，媒体深深影响我们对世界的认知，人们视野变宽了，世界变小了。当时，艺术、科技与科学间的关系常受争议。艺术与科技互动吸引许多艺术家、科学家、工程师以及业者参与，意图发展出跨领域的合作架构，然而时至今日这种系统化的合作模式，仍然只是一个理想。科技、艺术都是文化有机整体的一部分，原本就不容分割。

运用科技的视觉艺术，一个明显的议题便是科技带来的艺术品复制性与真实性的问题，一切展演都只是以复制品呈现，要观赏者破除原有的观赏习惯，在传统上的艺术价值包含的独创性、唯一性与真实性，都将被重新思考。

数字化科技成熟后，讲求光与速度，去物质化的虚拟影像透过媒体四处传播，复制已经不再是模仿、替代真实或是真实的幻觉，数字世界已然成为另外一种真实。因为影像可被转换为数字语言，可被任意操弄，于是艺术行为也大大不同于前，艺术家在庞杂的影像中，选择、过滤、重新组装，不只是利用技术来解决视觉问题，开发新的视觉经验，更利用新媒体去呈现人们生活中的种种困境，作品意义的产生存在于事件的脉络还有与观赏者的互动中。观赏者从最早的被动接受，到目前已然成为参与者，甚而是展演内容的提供者。以往视觉艺术的形式，可大致分为平面的绘画与立体的雕刻，而影像的领域今后将与前述二者并列为视觉艺术的重要形式之一。未来随着计算机图像处理，多媒体、高画质等新媒体技术的高度发展，传统的录像技术也将面临新的整合。

20 世纪 80 年代以后高科技产品发展迅速，计算机、激光、传真机、复印机、卫星传播等尖端科学技术及成果，都成为创造想象和架构的创作工具，这些新的媒介能仿真真实世界，也能创造出幻想境界中的奇景。高科技艺术是 20 世纪 80 年代以后，兴起于美国的新艺术。它是泛指以运用高科技创造的现代美术作品，诸如计算机艺术、激光艺术等作品，在美学领域中带来明显意义，结合了人类智能和科技产生的大量新颖技巧。潜藏在这种深具潜力的新视觉技巧下，有一个更深入的意义：在高科技的辅助下，视野更加辽阔，并为艺术创作提供了新的美学向度，跳跃连结代替线性思考，多向度空间取代绘画透视，前所未有互动性功能。

尤其是自从计算机出现以后，因为可以储存、修改，容易重新绘制及复制，所有有关绘画的行为起了很大的改变。1952 年美国的 Ben F. Laposky 利用计算机做出一个抽象的图像，1956 年才开始能创作出彩色的电子影像，1960 年德国 K. Alsleben 及 W. Fetter 发表最早的计算机绘图作品，直至 1994 年网际网络开始盛行，四五十年间，人们对于空间的思考模式随之改变，我们离开了复杂而趋向一个快速沟通、大纲式了解的理想。我们不再需要画一堆很复杂辅助线去处理放置一个三维物体于二维平面上的问题，计算机影像帮我们解决了这些问题。因此，艺术家已把兴趣放在如何避免复杂的建构，因为人们想象的空间已经改变，波浪的、拥挤的西方绘画已被纯粹的、无限空间的现代绘画所取代。

计算机对现代艺术造成的冲击及影响之巨，超乎想象。计算机一般被认为是一个空间可视化的简单辅助工具，但它不只是一件工具、一种媒体和材料，更重要的是一种新的美学方向、新的再现可能。多数计算机艺术的创作，深信虽然计算机本来不是为艺术创作的理由而发明，但它会持续发展出特有的本质，继续为艺术家提供最好的工作伙伴。

通常，计算机比传统铅笔的方式更简单、便宜、快速地生产，计算机让艺术家与音乐创更快速地生产，这也就是为什么称之为"罐头艺术"的原因。然后，计算机也可提供一种艺术替代品更快速的方法，这

数字化视频编辑技术

也是为什么称其为"麦当劳艺术"的缘由。当然，计算机艺术有它的隐忧。虽然计算机为艺术带来发展的新契机，却也有不少令人不安的地方：①由于计算机也是科技的产物，自然有现代和传统的冲突，如何把过去的传统艺术，配合新的计算机媒介，加以融合表现出来，呈现附合时代的新风貌而被接受，是值得深思的问题。因为全世界都是用相同的软件和设备，如果一窝蜂地跟着主流，则艺术创作则会划地自限，而显露大量复制和类似的肤浅平面感，失去艺术的美感和深度。②如同前面提到的，工具的方便，却造成个人风格的丧失，并且失去敏锐度，因为一旦创作于依赖计算机的修改功能，创作的动力则渐渐退去，例如：惯用 PHOTOSHOP 的摄影者很可能因此不在意拍照的决定性时刻，因为可以透过计算机仿真修改，不怕拍不好，但即使效果逼真，却失去艺术价值了。③计算机艺术虽然有决然不同于过去的表现方式和媒体，但本质上，仍脱离不了过去模仿、拼贴等创作风格，如何走出过去的艺术观念，找到属于计算机艺术的观念、想法和创作空间，将会是影响是否能自成一派的重要关键，而非只是为艺术带来新的表现法。身处一个新世纪的黎明阶段，审视当今现代艺术的表现形式，千变万化、无奇不有，可说是前所未有的新美学创作年代，传统的美学概念及体系，起了一些新的转机及变化，属于21世纪的新视觉美学体系，以包含瞬息万变的新美学思潮，是亟待建立的。

科技帮人类突破了心灵的藩篱，也改变了人们思考与创造的方式，但相对地，科技高度发展也带来了一些危险与不安，因为人们几乎忘了所处的地球仍然有其极限性，而艺术心灵的可贵其实是在于透过限制的穿孔，呈现出无穷的创造力。艺术的价值不在艺术品本身，而是艺术的哲思，有非常多科技艺术家同时也是大自然的爱好者，不管用的是高科技或低科技，来自生活的智能与大自然的启发，才是艺术创作最好的素材。不论世界如何转变，也只有艺术家意志延伸的作品，才算是"高感度"的创作，也才有美学上的价值。

艺术的数字化生存

新媒体艺术及独立影像这样一种作品形式或者展览形式，在这些年悄悄地或者说自然地发生了，而且越演越烈。大家以前都关注当代艺术中前卫文化艺术的一些现象，像摇滚、文学、行为艺术等等，但目前独立影像及新媒体这样一种现象的发生和势头，不得不引起我们的注意。而且从目前的作者情况来看，基本都是来自不同的行业，可能学艺术的多一点，但也有其他行业的。在全国各地搞独立影像及新媒体的人以前不仅仅是搞艺术的，还有搞文学、音乐、计算机及各种专业的人，是一个综合的人群。这个群体在不断扩大，呈现年龄层越来越小的态势。这和那些掌握着电脑网络尖端技术的小黑客族一样。当然，对于直接参与者来说，可能没太思考它的发生背景及整个发生的来源，凭着热情和兴趣拿起数码相机、摄像机，摆弄视频和音频，编辑影像、文字、声音。针对这个现象本身，我们

113

已经感觉到艺术媒体的变化：旧的艺术媒体形式的衰落与过时，新的艺术媒体形式的出现与普及。

媒体的变化是人类文化发展的根本原因和动力，人类文化自产生以来，其媒体形式在本质上表现为不断抽象化的过程，而这种抽象化是通过两种基本方式，即图像和文字来进行的。早期人类文化是以"图像文化"（二维空间性思维）的形态存在的，但文字（一维线性思维），特别是印刷术产生以后，"文字文化"渐渐发展壮大，并逐步取代图像文化，成为人类文化的核心，而图像文化则退居次要地位。这种以文字为主体的文化形态一直延续到 20 世纪初。然而，随着照相术、电影和电视的发明，这种情况发生了急剧变化，图像文化以新的面目再度兴起，并逐渐排挤文字文化，重新上升为人类文化的主要存在的形态。电子数据处理技术的发明和电脑的出现带来了人类文化形态的"哥白尼"式的转折，标志着"文字文化"以及所包含的"平面绘画最终退出历史舞台"的进程的开始。在数字化时代，文字及平面图像日益失去优先地位，电脑屏幕渐渐取代书本、画布，而成为最基本、最重要的文化传播媒介。数字媒体彻底改变了人的视觉、思维、行为和认识方式，它的全面普及将导致以文字和平面图像为基本媒介的文化形态让位于以人工思维和数据处理为基本形态的多媒体影像文化。在未来，以书的形式和平面图像为主要存在形态的文章和绘画艺术将彻底消失，文字和绘画将仅仅成为历史学家和考古学家研究的对象，或茶余饭后的消遣：普通人将成为真正的"文盲"，不再去阅读、书写和绘画。未来的文学艺术将完全以多媒体影像方式存在，其构成要素仅仅是数据和代码。这将彻底改变文学艺术的思维方式，即以文字代码和平面图像为基本单位的思维，使艺术创作成为一种数据处理和电脑图像的制作与合成的特殊方式，一种无穷无尽的图像制造与合成的游戏或人工智能形式操作的游戏。这样，文化、艺术进入了数字化生存。你会看到那些运用视频和音频的艺术家，再不像以往艺术中的艺术家那样在画室里，手握画笔，搅拌颜料，涂抹着画布的量子化生存；而是手持数码相机、录像机进行现实信息采集，然后坐在电脑设备前，手握鼠标敲着键盘，组合着图像和声音、文字，操作着数字界面，重新编码，生成画面，储存为数据，复制成光盘，瞬间进入市场及人们家庭的电视机面前。在他们面前，电脑屏幕成了新画布，数码仪器成了画笔和颜料。艺术的数字化生存势必会对人类的视觉方式和认知习惯、思维和行为方式产生根本的影响。

以往的艺术是由平面媒体形式呈现的，它包括国画、油画、版画、平面设计招贴等等形式。这种媒体形式和新媒体形式相比是两个界面，以往的艺术是自然的界面，是手工形式或者以手工技艺为手段，它和自然比较贴切，或者是和以往的文明形式（农业文明或者工业文明）

数字化工具成就小摄影师

相匹配的。进入信息化、数字化社会以后，媒体所使用的语言是数字化语言，我们现在看的、用的、拍的都是数码形式，而且它们可以同一共享，形成新的交往形式——新媒体艺术界面，因此而终结了过去手工技艺的界面形式。

虽然从数字化的角度来看，国画、油画、版画、平面设计招贴不是当代有效的一种媒体形式，但不一定它就没用了，它可以作为一种保留媒体、保留的节目来丰富数字化生存的乐趣，就如同家庭里需挂上几幅山水画一样，增加家庭的情味。目前设计界的介质进入了无纸化时代，平面、招贴、包装逐渐被虚拟电脑这个界面所替代，如果说电脑界面就像我们操作的一张纸、一块画布，或者是我们进行艺术创造的那个平台的话，那么当我们转入这个平台的时候，它的语言、它的内容肯定会发生变化。从独立电影界出现的个人化趋向来看，这样一种个人化的数字编辑的艺术语言形式，肯定有一种自身的规范，所以它肯定不等于过去的电影形式。过去的电影所编辑的方式是经过一套流水的组织，由导演、演员、道具等很多环节共

115

同来实现一个电影的拍摄，再经后期加工才得以实现，其间需经过众多的个人。那么现在面对新媒体艺术，我们每个人所拍摄的这种形式，肯定是不同的，它中间的操作过程，个人的感受还有个人即时编辑的这套方式肯定会有一套新的语言和个人化的表现方式和主题方式。过去我们所看的电影是叙事性的，但我们每个人所拍摄制作的电影图像肯定和这种方式不同。从实验电影上去看，意大利的导演安冬尼奥尼所拍摄的电影就已经做了个人化尝试。当然我们每个人的个人表达是不同的，虽然有些地方有接近的方式。从这个角度对目前出现的新媒体现象，急需从艺术语言和它的内容方式作出一种探讨，就像架上画，一幅好的油画要讲究它的语言形式和反映的内容，它所采取的方式要和平面这种方式相吻合。因此和数字化相吻合的，我们也要找到一种电影语言，比如，整个的拍摄过程，动的画面，整个的播放过程都可以当成一种语言形式来探讨了，这样我们就摆脱了既定的模式及过去电影的束缚，创造了新电影方式。这是独立电影很重要的方面。

新媒体艺术在国外已经发展好几年，国内才刚刚起步，一些院校纷纷建立了媒体工作室或中心，像中央美院和美国合作，办了媒体培训班，全国各地来的学员，美国直接来的培训人员，有些学员是原来从事前卫艺术的艺术家，把原来纯艺术创作视觉上的东西带进去了，强调视觉语言，强调视觉本身的那种特性，做音频也非常认真，不像今天有些作品，就是配一些曲调的那种音乐，对声音和视觉的组合很不负责任，感觉是很不到位的。他们做的声音并不同于传统音乐，比如美国的音频训练，是训练你的各种感觉，喜怒哀乐、甜酸苦辣、上下左右的各种感觉，让你找出相应的一种声音和它配套，比如，敲打的声音、摩擦或撕纸的声音输入到电脑里进行编辑，控制声音的那种感觉，和视觉结合传达语意。

新媒体艺术是多媒体和全媒体，文字、图像还有声音，是一个整体，不能不注意文字、不注意声音或不注意图像。文字是一种传达的信息，你如何来做文字还有声音，声音不是配一首曲子，不是一首音乐曲子，而是一种有效的声音传达你的思想，我们要研究声音、图像、文字的语意，它们在一起共同构成了多媒体的形式，原来我们不注意这个问题，文字讲究一种文学性，图像讲究一种视觉样态，声音按着音乐的曲调去定。但作为现在这样一种方式，它肯定要打破这些形式。所以我们要探讨新的形式。音乐的实验也是这样，要探讨时代的一种声音，使图像、文字、声音在艺术的数字化中生存！

传统艺术的数字化传承

网络快捷的实时传播，传递文字、声音和图像方面无可比拟的能力，不啻为各种艺术形式打开了一扇天堂之门，民间艺术同样可以利用这一点。

数字化可以低成本高效率地完成民间艺术的推广工作，民间艺术的推广工作以前多以演出、展览这样的手段进行，不但成本高、见效慢，受众也少。我国的各类艺术场馆资源非常有闲，所以不但民间艺术，其他艺术的普及工作也往往难以开展。而数字化后，这些缺陷就不复存在了，数字化和网络的优势也成为民间艺术的优势。数字化能将民间艺术推向年龄层更广泛的受众，数字化和网络的推波助澜，可以把民间艺术推向最广大的人群，上网的人以年轻人居多，对于民间艺术普及和入门工作是一个非常好的平台。

传统艺术数字化

与普通的展览、演出不同，网

络的更新、增添内容几乎不需要投入更多成本，并且可以长期持续。这使得数字化后的民间艺术能够获得持续发展的能力。这无疑是网络最大的优势之一，相对于传统渠道接收反馈信息的漫长时间，网络上的信息反馈几乎不需要时间。对于民间艺术的推广工作，这是一个非常宝贵的条件。我们能够通过网络了解大众对于不同艺术形式的不同看法，并以此作出相应的决策。

非物质遗产的数字化。非物质文化遗产，是各民族人民世代相承的与群众生活密切相关的各种传统文化表现形式和文化空间。范围涵盖：口头传说，包括作为文化载体的语言；传统表演艺术；民俗活动、礼仪、节庆；有关自然界和宇宙的民间传统知识和实践；传统手工技能，以及与上述表现形式相关的文化空间。非物质文化遗产具有明显的区域性特征，带有十分强烈的地方色彩，是一个地区、一个民族的文化符号和生命记忆。非物质文化遗产数字化，是借助数字化信息获取与处理技术对非物质文化遗产存在方式的一种较新型的保护方法，这种方法可以保证非物质文化遗产以最为保真的形式保存下来，而不是仅仅停留在拍照、采访、记录、物品收藏等简单的工作层面上。现代化数字信息技术，可以把一些非物质文化遗产的档案资料如手稿、音乐、照片、影像、艺术图片等，编辑转化为数字化格式，保存于计算机硬盘、光盘等物质介质中。随着数字多媒体技术的发展，非物质文化遗产的保护与其展现，并不像物质文化遗产那样受地域范围的限制，可以在虚拟空间中再现真实的历史地理信息，以一种直观的方式向大众展示，充分展现民族特色、地域特色、学科特色、文化特色，有利于世界各民族文化的交流和创新，使我们能站在人类文化整体的大格局中去认识民族文化资源价值。

非物质文化遗产数字化

借助于数字化手段，传统艺术文化发展可以在更大程度上得以发扬光大，有效地获得"传宗接代"的机会，从而得到更好的传承。

便利的数字化艺术展示设备

数字电视是从演播室到发射、传输、接收的所有环节使用数字电视信号或对该系统所有的信号传播均通过由0、1数字串所构成的数字流来传播的电视类型。数字信号的传播速率是19.39兆字节/秒，如此大的数据流的传递保证了数字电视的高清晰度，克服了模拟电视的先天不足。同时还由于数字电视可以允许几种制式信号的同时存在，每个数字频道下又可分为几个子频道，从而既可以用一个大数据流——19.39兆字节/秒，也可将其分为几个分流，例如4个，每个的速度就是4.85兆字节/秒，这样虽然图像的清晰度要大打折扣，却可大大增加信息的种类，满足不同的需求。例如在转播一场体育比赛时，观众需要高清晰度的图像，电视台就应采用19.39兆字节/秒的传播；而在进行新闻广播时，观众注意的是新闻内容而不是播音员的形象，所以没必要采用那么高的清晰度，这时只需3兆字节/秒的速度就可以了，剩下16.39兆字节可用来传输别的内容。

如今，数字电视是人们谈论最多的热闹话题之一。由于数字电视是种新鲜事物，一些相关报道及文章介绍中出现似是而非的概念，诸如"数码电视"、"全数字电视"、"全媒体电视"、"多媒体电视"

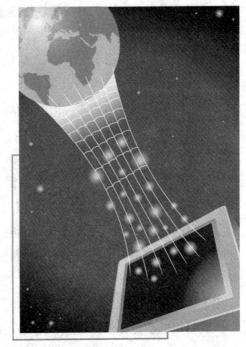

数字电视

等，造成大众感到困惑，茫然不知所措。其实，"数字电视"的含义并不是指一般人家中的电视机，而是指电视信号的处理、传输、发射和接收过程中使用数字信号的电视系统或电视设备。其具体传输过程是：由电视台送出的图像及声音信号，经数字压缩和数字调制后，形成数字电视信号，经过卫星、地面无线广播或有线电缆等方式传送，由数字电视接收后，通过数字解调和数字视音频解码处理还原出原来的图像及伴音。因为全过程均采用数字技术处理，因此，信号损失小，接收效果好。

在数字电视中，采用了双向信息传输技术，增加了交互能力，赋予了电视许多全新的功能，使人们可以按照自己的需求获取各种网络服务，包括视频点播、网上购物、远程教学、远程医疗等新业务，使电视机成为名副其实的信息家电。

数字电视提供的最重要的服务就是视频点播（VOD）。VOD是一种全新的电视收视方式，它不像传统电视那样，用户只能被动地收看电视台播放的节目，它提供了更大的自由度、更多的选择权、更强的交互能力，传用户之所需，看用户之所点，有效地提高了节目的参与性、互动性、针对性。因此，可以预见，未来电视的发展方向就是朝着点播模式的方向发展。数字电视还提供了其他服务，包括数据传送、图文广播、上网服务等。用户能够使用电视现实股票交易、信息查询、网上冲浪等，使电视被赋予了新的用途，扩展了电视的功能，把电视从封闭的窗户变成了交流的窗口。

数码相机，是数码照相机的简称，又名数字式相机，英文全称 Digital Still Camera（DSC），简称 Digital Camera（DC）。

数码相机，是一种利用电子传感器把光学影像转换成电子数据的照相机。与普通照相机在胶卷上靠溴化银的化学变化来记录图像的原理不同，数字相机的传感器是一种光感应式的电荷耦合器件（CCD）或互补金属氧化物半导体（CMOS）。在图像传输到计算机以前，通常会先储存在数码存储设备中［通常是使用闪存；软磁盘与可重复擦写光盘（CD – RW）已很少用于数字相机设备］。

数码相机是集光学、机械、电子一体化的产品。它集成了影像信息的转换、存储和传输等部件，具有数字化存取模式，与电脑交互处理和实时拍摄等特点。光线通过镜头或者镜头组进入相机，通过成像元件转化为数字信号，数字信号通过影像运算芯片储存在存储设备中。数码相机的成像元件是 CCD 或者 CMOS，该成像元件的特点是光线通过时，能根据光线的不同转化为电子信号。数码相机最早出现在美国，30多年前，美国曾利用它通过卫星向地面传送照片，后来数码摄影转为民用并不断拓展应用范围。

数码相机

数字展示台又称视频展示台、实物演示仪、实物投影机、实物投影仪等，在国外市场还被称作文本摄像机。从功能上可以给视频展示台下这样一个定义：视频展示台是通过 CCD 摄像机以光电转换技术为基础，将实物、文稿、图片、过程等信息转换为图像信号输出在投影机、监视器等显示设备上展示出来的一种演示设备。

从外观上看，一台数字展示台基本的构成包括"摄像头"和"演示平台"两部分。摄像头通过臂杆与演示平台连接，演示平台但是为了实现更好的应用，还需要一些拓展设备［如控制面板（遥控器）、辅助照明（上部和底部）、视音频输入/输出、计算机接口等等］，共同构成一台完整和完善的产品。

根据输出信号划分，实物展示台通常分为模拟展示台和数字展示台两种。模拟展示台视频输出信号有复合视频、S - VIDEO 两种，一般清晰度在 400~470 水平电视线，隔行扫描方式。数字展示台视频输出信号除了复合视频，S - VIDEO 外，最主要的是具备 VGA 输出接口。VGA 接口是计算机主机传送给显示器图像的一种标准 RGB 分量视频接口，并且是逐行扫描方式，图像不存在模拟展示台难以消除的闪烁现象，并且图像分辨率较高。

从结构上可以分为单灯照明视频展示台、双侧灯式视频展示台、底板分离式视频展示台、便携式视频展示台等。单灯照明视频展示台常见的一种照明方式，单灯照明不存在双灯照明的光干涉现象，光线均匀，便于被演示物体的最佳演示，不同展台单灯的位置不同，但不影响效果；双侧灯式视频展示台是最为常见的照明方式，设计良好的双侧灯可以灵活转动，覆盖展台上的全部位置，并实现对微小物体的充分照明；便携式视频展示台设计紧凑，体积小巧，携带方便，适合移动商务演示，在现在的教学演示中得到了越来越多的应用。

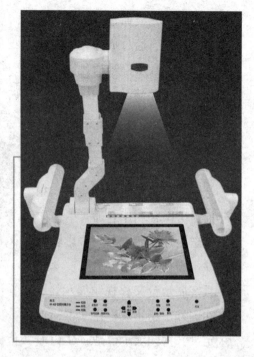

数字展示台

数字展示台常用于教育教学培训、电视会议、讨论会等各种场合，可演示文件、幻灯片、演示课本、笔记、透明普通胶片、商品实物、零部件、三维物体、实验动作等，还可进行远距离摄像、现场书写等高级功能。

电子触摸屏。随着使用电脑作为信息来源的与日俱增，触摸屏一体机以其易于使用、坚固耐用、反应速度快、节省空间等诸多优点，使得人们越来越多地感到使用它的确具有相当大的优越性。触摸屏系统出现在中国市场上至今只有短短几年时间，这个新的多媒体设备已经为许多人所接触和了解。事实上，触摸查询机是一个使多媒体信息或控制系统改头换面的设备，它赋予多媒体系统以崭新的面貌，是极富吸引力的全新多媒体交互设备。发达国家的系统设计师们和我国率先使用电子触摸屏的系统设计师们已经清楚地知道，触摸屏对于各种应用领域的电脑已经不再是可有可无的东西，而是必不可少的设备。程序通过简洁的菜单提示，以指触显示屏的方式达到调用存储的数据，操作简便。它极大地简化了计算机的使用，即使是对计算机一无所知的人，也照样能够信手拈来，使多媒体计算机展现出更大的魅力，解决了公共信息市场上计算机所无法解决的问题。

在人类文明史上，"笔"曾经是人类认知客观世界的重要手段。在笔的时代，设计艺术主体的认知的手段主要是靠书写或印刷。用笔的过程实际上是设计师对自己的创作对象的观察、概括和传达的过程。计算机和互联网的发展改变了人类的生产方式和生活方式，从而影响到人的认知方式。从

指触式计算机操作

"笔"到"鼠标、压感笔"就是设计艺术主体重构自己的认知方式的过程。

笔的时代——设计艺术主体对于宏观和微观世界的认知在很大程度上受制于文本的传播范围和自身感觉器官的局限。也就是说，设计艺术主体是靠书写或印刷品以获取间接的经验来认识事物的。

数字化时代——计算机加快了人们处理信息的速度，提高了认知效率，从而增强了人们在信息时代的适应性。因此，计算机的操作能力将成为艺术才能的有机组成部分，并且将逐渐占据支配地位。当然，笔的价值在人类进入数字化时代后仍不会完全消失，只不过不再居于主导地位。

在信息化高速发展下的设计艺术专业教育，艺术主体认知能力将在新的条件下进行分解与重构，原先的社会分工中所形成不同的设计艺术创作方法将带入计算机艺术中来。同一种计算机或同一种软件，不同的设计师用起来，也可能有不同风格。

科学技术高速发展，新观念、新方式、新技术不断产生，书写方式与印刷文明正朝着计算机文明的过渡。在设计艺术领域，设计师与大众已经形成了与笔的艺术表现形式相适应的认知能力。在信息社会高速发

展的今天，在新兴的计算机文化的感召下，作为设计艺术教育，应该面向新的艺术媒体，培养学生的新的认知能力，使其设计理念、认知方式和审美情趣提高到一个全新的阶段。使用数码绘图软件进行效果图的表现，虽然能达到手工绘图所不及的效果，但也比徒手绘图付出更多的时间和工作量。

多媒体技术与艺术的交融

动画片，以其夸张多变的艺术造型和生动离奇的故事情节，深受少年朋友的喜爱。你一定还会记得《玩具总动员》动画片中，布制牛仔玩具胡迪和宇宙人太空玩具巴斯光年那表情逼真、动作协调、别出心裁的友情故事；科幻片《侏罗纪公园》里的恐龙那栩栩如生过目难忘的形象；还有《面具》一片中，斯坦利戴上神奇面具后，眼珠就能伸出眼眶三尺远还滴溜滴溜转的情景。其实，这些目不暇接的画面，不仅出现在名片里，也走入

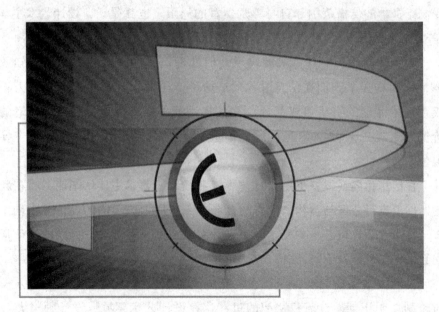

多媒体技术

了我们日常的生活。像电视节目的片头、广告里也频频呈现会转动的地球、能跳舞的缶头、放声歌唱的牙膏、瞬间平地上矗立起的高楼大厦。这就是计算机应用拓展的新领域——多媒体技术。

多媒体技术是把文字、数据、图形、图像、声音这些信息形式（均称为媒体）统一由电脑处理，从而将电脑带向一个图像、文、声并茂，还可主动参与、身临其境的集成技术。这一技术的出现，使在常规概念上科学与艺术似不相关的两个领域融合在一起，使人与机（计算机）的关系从只是被动接受信息的传统观念，向着主动参与其中的"交互式"方向发展。

它通过计算机把抽象枯燥的纯数学定理、符号、方程，转变成多彩、美丽、新奇的图像；也可以借计算机之功，获得变身术，钻进物质的分子内部，窥探微观世界里的奥秘；还可以腾云驾雾遨游太空，追寻宇宙膨胀的边际过把瘾；也能在计算机导引下悠闲自得地闯进核爆炸升起的蘑菇云禁区里，看个究竟。诸如此类原本人看不到的世界，只要人脑想象得出来的，计算机就能显示。当然，所有这些都是由人设计出的程序，交给计算机运作而成的，所得图像的质量也最终取决于程序的设计编制者。

计算机多媒体技术的发展，又拓展了它与艺术及其他更多领域的结合，这种结合创造了虚与实并存的世界。所谓虚拟现实技术（也称"灵境"技术）是把现实中存在的或并不存在的东西，运用计算机综合技术，在观察者眼前生成一个虚拟的立体空间环境，使人犹如进入其中，像"真实"的感受到存在似的一种新技术。它以虚拟的方式，使观察者直接体察到事物内部真实的构成、作用与变化，并可亲身参与到内部相互作用之中。

125

金融数字化时代

银行系统数字化

20 世纪 90 年代初，中国银行深圳分行开办了我国第一家"电话银行"。这家银行利用"TBS"系统，可同时供几十个储户通过电话办理银行的各种业务。T、B、S 分别是电话、银行、系统三个英文词的词首字母。

利用上述电话银行系统，储户只要拨通银行专用电话、输入自己的账号和密码，足不出户就能通过数字化渠道自主办理各种金融业务。例如，查询各种存款的利率、外汇兑换价、金银买卖价等金融信息；或办理转账、信用卡缴费、查询账户余额、申请领取支票簿等手续；

电话银行

还能开展外汇、金银的投资交易以及办理挂失、修改用户密码等业务。此外，如果储户又是一名股民，还能利用这个系统获得证券交易成功与否的信息。储户在输入本人的密码后，把委托买卖的指令录音备查，一笔股票买卖的委托业务就一挥而就了。如果使用"小秘书"那样的"电话快拨能手",办理电话银行业务就更方便迅速了。

上海的工商银行,也开办了以电话机为终端设备的电话银行。储户只要拨通专线电话,就可在模拟服务小姐亲切话音的提示下,借助电话按键选择服务项目、查询金融信息、办理转账等金融业务。

在日本及我国香港,电话银行已很普及。在日本,通过电话银行取款已很普遍。至今,吃饭流行自助餐、商店流行超市自助购物、休闲流行自助旅游。1996年以来,我国武汉、上海、广州、北京等地"自助银行"也应运而生。

自助银行也称为"无人银行"。在那里,储蓄前台没有柜台服务人员,一切金融业务都直接由数字化的 ATM 自动取款机办理。它全天24小时开放,由储户自己动手操作,既安全又保密。

127

在建行湖北省分行开办的一所无人银行里,配备了三台大堂式数字化的 ATM 取款机、监控系统、电子显示屏、利率显示牌等高技术设备。储户可办理存款、取款、查询余额、修改密码等业务。储户通过 ATM 取款机、电话、计算机终端等项的操作,得到所需要的服务。利用多媒体电脑的理财试算功能,还能办理转账及金融投资业务,深受储户的欢迎。

24 小时自助银行标志

在上海的一些无人银行,还能为储户提供全自动保管箱业务。这种全自动保管箱,完全由储户独立操作,使储户更感到可靠放心。

无人银行不仅方便了储户,而且使银行的利润大幅度提高。无人银行占地面积只是普通储蓄所的1/5至1/10,场地及设备(包括软件)的投资费用仅为以往的1/10至1/20,再加上省去了工作人员工资及日常营运费用的支出,因此受到银行界的欢迎。

随着电话银行、无人银行的出现，银行面临如何准确辨别取款者身份的问题。我国已开始使用数字化指纹来识别取款者的身份。日本电话银行系统，开始采用富士通公司专门为其设计的一种名为"声门"软件。这种软件为电话银行设置了"声音密码"。这种软件名副其实地在用户的账号上设置了一道"声门"，只有存款者本人对电脑说"芝麻开门"，这道"声门"才能被打开。我们知道，由于每个人的声带形状，以及发声时肌肉的运动方式都各不相同，因此，各人声音的音色、音调都不一样，具有各自独特的方式，这就是每人专有的声音密码——"声纹"。储户在设置声音密码的电话银行开户时，预先要对着电脑输入自己的声音，所输入的声音实际上就是声音的"样板"。电脑把这个样板存入存储器中，当以后用户通过电话办理取款手续时，电脑就会立即对电话中的话音与"样板"中的声音进行比较。当它认为"声纹"相同时，它才打开"声门"，允许取款。不过，由于用声纹进行比较还有5%的差错率，因此，又为储户再设置另一种密码。利用这种双重密码，相当于实行双保险，银行及储户都不必为存款冒领而犯愁了。

随着智能化信用卡、自动取款机的广泛使用，及一家家电脑化银行的出现，人们开始意识到身边的银行正悄悄地发生一场"电子革命"。在我国，上海金融业的"电子革命"在全国一马当先。上海的几千个银行网点，已有95%以上实现了数字化。电脑联网、联行在上海金融业得到广泛的应用。

工商银行上海分行在电子革命中走在前列，在它的大型计算中心配备了先进的大型计算机，在上海率先实现了对公结算和个人活期储蓄的全市通存通兑，并与香港汇丰银行及国内16个城市的工商银行实现了电脑联

多种多样的银行卡

网。这家分行发行的各类银行卡已超过 500 万张，发卡量居全国城市级银行首位。这个分行的近 400 台 ATM 取款机全都联入了上海的金卡工程网络。上海各家银行发行的银行卡在工商银行的 ATM 取款机上都能使用。

上海的其他银行也相继实现了个人储蓄业务全市的通存通兑。建设银行上海分行还加入了全国联网的建行电子汇划清算系统，汇划业务实现了当天交汇、当天入账；中国银行上海分行于当年实现了香港、广州、上海三地 ATM 取款机的联网，给这个城市的信用卡储户带来了极大的方便；招商银行上海分行推出了储蓄"一卡通"，各种期限的储蓄可在上海市各网点用一个折子办理。

以往繁琐的银行业务已由电脑的数字化处理完成。据统计工商银行上海分行计算中心每天处理的业务达 100 万笔左右。上海 70% 的活期储蓄由 ATM 机办理。金融业的"电子革命"方兴未艾，先进的电子设备减轻了大量人力，提高了效率，服务质量也有明显的提高。随着电脑联网、联行业务的进一步发展及金网、金卡工程的广泛开展，储户就能更加方便地办理各种银行业务。金融业的电子革命，确实使个人理财方式发生革命性的变化。

数 字 化 的 支 付 方 式

目前发展中的网络支付方式主要有：电子钱包、电子现金、电子零钱、电子支票、电子汇款、电子划款、智能卡、借记卡、数字个人对个人（P2P）支付等。下面主要介绍几种比较常用的支付方式。

1. 电子钱包

电子钱包是顾客在电子商务购物活动中常用的一种支付工具，是在小额购物或购买小商品时常用的新式钱包。使用电子钱包购物，通常需要在电子钱包服务系统中进行。电子商务活动中的电子钱包的软件通常都是免费提供的，可以直接使用与自己银行账号相连接的电子商务系统服务器上的电子钱包软件，也可以从 Internet 上调出来，采用各种保密方式利用 Internet 上的电子钱包软件。

数字化在线支付

2. 电子现金

电子现金又称为电子货币或数字货币，是一种非常重要的电子支付系统，它可以被看作是现实货币的电子或数字模拟，电子现金以数字信息形式存在，通过互联网流通。但比现实货币更加方便、经济。它最简单的形式包括3个主体（商家、用户、银行）和4个安全协议过程（初始化协议，提款协议，支付协议，存款协议）。

电子现金主要的优点有：电子现金不受空间制约，电子现金不受时间的制约，通过计算机互连网进行购物。

3. 电子支票

电子支票是网络银行常用的一种电子支付工具，支票一直是银行大量采用的支付工具之一，将支票改变为带有数字签名的报文或者利用数字电文代替支票的全部信息，就是电子支票。利用电子支票，可以使支票支付的业务和全部处理过程实现电子化。网络银行和大多数银行金融机构通过建立电子支票支付系统，在各个银行之间可以发出和接收电子支票，就可以向广大顾客、向全社会提供以电子支票为主要支付工具的电子支付服务。

　　建立电子支票支付系统的关键技术有以下 2 项技术：①图像处理技术，②条形码技术。支票的图像处理技术首先是将物理支票或其他纸质支票进行图像化处理和数字化处理，再将支票的图像信息及其存储的数据信息一起传送到电子支票系统中的电子支付机构；条形码技术可以保证电子支付系统中的电子支付机构安全可靠地进行自动阅读支票，实际上，条形码阅读器是一种软件，即是一种条形码阅读程序，能够对拒付的支票自动进行背书，并且可以立即识别背书，可以加快支付处理、退票处理和拒付处理。

　　4. 电子汇款

　　目前，国内电子汇款共有 4 种常见的通道：柜面、网络、手机和电话。电话汇款是通过电话银行覆盖全国的异地转账功能所实现的电子汇款通道，而电话座机要比电脑和手机更为普及，因此电话汇款应该是除柜面汇款外最大众化的一种自助式电子汇款了。

　　网上电子汇款则是通过其个人网上银行的"行内汇款"和"个人转账"功能，由汇款人自助操作实现的。这种汇款方式的优点是不受时空限制，能享受 7 天 ×24 小时/天的全天候服务。

　　短信手机银行能提供全国范围的实时账户汇款服务，汇款人只需编辑发送特定格式的短信至银行短信服务号码，即可实现向持有该行卡、折用户的汇款，它不受时空限制，更能体现出"随时、随地"的现代金融服务特征。

　　5. 智能卡

　　智能卡又名 IC 卡、智慧卡、聪明卡，英文名称为 smartcard 或

各种智能卡

Integrated Circuit Card，是法国人 Roland Moreno 于 1970 年发明的，同年日本发明家 Kunitaka Arimura 取得首项智能卡的专利，距今已有近 40 年的历史。随着超大规模集成电路技术、计算机技术和信息安全技术等的发展，智能卡技术也更成熟，并获得更为广泛的应用。

智能卡系统的工作过程如下：①在适当的机器上启动你的因特网浏览器，这里所说的机器可以是 PC 机，也可以是一部终端电话，甚至是付费电话。②通过安装在 PC 机上的读卡机，用你的智能卡登录到为你服务的银行 Web 站点上，智能卡会自动告知银行你的账号、密码和其他一切加密信息。③完成这两步后，你就从智能卡中下载现金到厂商的账户上，或从银行账号下载现金存入智能卡。

132

用数字来买卖东西

当你正在对文件进行最后的修改时，发现需要一个简明的图示来证明你的中心论点。你查遍所有现存的图示都不能令你满意，只好进入 web 来寻找新的数字化插图。但是，当你找到满意的图示并正准备下载该文件时，却发现以往免费的网上服务此时却向你索取 2 美元（数字化现金）。

这种情形终将会变为现实。目前至少有五家公司正致力于数字化现金的开发与利用。所谓数字化现金，即指与硬币、支票具有同样作用的电子货币。DEC 公司在进行了大量的电子商务研究后，最终成为开发数字化现金的先驱。

实现数字化现金的技术有多种：如使用智能卡单据，或存在本地机硬盘上的电子钱包等。这些形式实际上都与信用卡有相似之处。当在网上索取大量信息时，以信用卡支付费用不失为一种很好的形式，但是当费用不足 10 美元时，就会带来不便。然而，如果采用数字化现金，消费者无论索取多少信息，都可用数字化现金来支付。

采用数字现金给商家带来的好处不言而喻：当索取费用较低的信息时（如看简单新闻及偶尔入网查资料），支付数字现金可使商家获益。但对于消费者而言，特别是以往享受免费索取信息的网上用户来说，似乎还看不到使用数字现金的优势。尽管越来越多的大型商家和信息提供者将参与进来，但是让消费者付费仍是一个棘手问题。正如 Digital 公司的商业开发经理 Stanley Hayami 所言，尽管消费者最初不愿意付费，但从长远而言他们没有其他选择。该公司正试图推广另一种基于单据的电子货币形式 millicent。据 Hayami 说，互联网上的公司不愿采用新形式发布信息的原因是其得不到经济收益，而问题的关键则在于网络的维护费用，如果可使商家向索取信息的消费者收费，那么这种情况就一定会有新的转机。

除了这些数字现金外，使用 Visa（维萨）及 Mastercard（万事达）等信用卡进行电脑网络付费也已研究成功。

智能卡的应用推广，相信它将成为网上服务付费的主要方式。

有关数字现金的讨论主要是消费者对货品和服务的付费问题。还有很多其他公司也在研究电子付款方式。Digital 提供 millicent 支持消费者浏览网上信息，而 Cybergold 公司正在开发 cybercoin。

节约处理费用是电子支付突出表现之一。研究显示：银行卡支付

数字支付方式

的成本只有纸基支付的 1/3～1/2，例如，美国公司签发和处理一张纸质账单的平均成本是 1 美元，而在网上处理同样一张账单的成本在 25～30 美分。传统上企业每笔采购的支付成本是 91 美元，而使用银行卡支付后，每笔支付成本只有 21 美元。如果一个国家从纸基支付全面转向卡基支付，节约的总成本至少相当于 GDP 的 1%。

便捷是电子支付的另一个重要魅力。推动电子支付迅速普及因素之一是交易速度。美国的统计数据表明，企业使用银行卡支付后，平均采购周

期从 11.2 天降为 2.9 天。如果要用支票结账，通常邮寄账单、支票，收集和处理支票，至少要用 1 周时间，如果通过电子支付在线结账和付款，最多花 2 天时间，并且人们购物可以不受地理和政治疆界的限制，这不仅给商家带来了好处，更给顾客带来了便利。

支付产业的未来趋势除了表现为数字化，还表现为虚拟化的特征。可以预见：未来的支付将成为一个庞大的计算机系统内部数字的变化。钞票、支票、卡片等支付媒介不再是交易和支付不可或缺的凭证。那时，人类的支付，将进入又一崭新的时代。

数字的炒作和买卖（股票和基金等）

网上证券是一个应用大量现代高科技信息技术的行业，汇集世界多项尖端科技于一体，其尖端的交易主机系统、数字卫星通信系统、成交撮合和数据清算软件等，都保障着证券交易快速和准确地进行。这些高科技信息技术也为消费者的证券交易带来了便利。

1. 网上证券交易形式

（1）实时股市行情接收。股票行情按显示方式可分为文字和图形两种，文字行情是采用文字刷新来显示股价变动，图纸行情是将股价变动通过图示表示出来。客户可以从客户端发出请求，由主机提取最新数据库后单独返回客户端显示。

（2）实时网上交易。顾客输入个人资金账号、股票账号以及交易密码，可确保股票买卖的准确性，也可以方便及时地查询自己的股票成交情况，另外顾客还可以通过电子邮件收到个人资金及股票变动情况。

（3）盘后行情数据接收。通过 Internet 和 BBS 站点上的每日静态分析数据文件，投资者不仅能了解股票价格情况，而且能进行复杂的股票行情分析。

2. 网上证券买卖的优越性

归纳起来，电子证券交易有如下优越性：

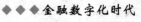

（1）具有交互式双向信息交流模式。

（2）不受时间、空间限制，极大地方便了由于工作原因或身体原因不能去营业场所的股民。

（3）由于股民可自动处理交易流程，不需复杂手续即可实现买卖交易，从而改善了股民交易环境，吸引更多人入市。

（4）网络股票交易成本低廉。在美国通过传统方式交换股票成本为每股1～2美分，而网络股票交易的成本仅为每股0.15美分。

据统计，在美国证券交易中，交易总额的40%是通过 Internet 实现的。我国股民应用 Internet 进行证券交易远远不够，这需要软件、电信、金融和证券行业的共同协作，同时股民也要增加应用电子证券交易的知识。随着网络技术的快速发展、人们观念的更新，相信不久的将来我们通过一条电话线，就可以对自己的投资进行合理的分配，更加高效方便地打理个人财务。

各种各样的数字化理财手段

人们存款不断增加，理财市场逐渐形成，那种偷点艺就可以为别人理财的时代，逐渐离我们而去。

随之而来的高科技数字化信息化理财正在兴起，前所未有的奇迹必将出现，鱼龙混杂当然在股市是永远的。未来理财必将向信誉化发展将取代大话和誓言。

未来理财是科技和智慧的较量。经过努力，后人必将超过前人，那种崇拜外国股神的时代将要一去不复返了。人们将运用计算机、Internet、语音处理技术和电话信号数字化技术等高科技手段，进行理财信息查询、分析以及金融交易等一系列理财活动。电子理财是电子商务的一个重要组成部分，它的服务商可以是银行或者理财公司。电子理财内容很丰富，包括对汇率、利率、期货、金价及基金等理财信息的查询和分析，如股票交易、外汇买卖、期货交易、资金划拨、存取款和基金买卖等。电子理财在中国国内刚起步，很多实质性业务尚待展开。其中比较成功的电子理财业务是网上证券交易，主要是进行网上投资咨询服务。

电子技术和网络技术的发展为投资者的投资行为提供了更加充分的信息支持，投资人不仅可以进行实时网上交易，而且可以进行实时股市行情接收和盘后行情数据接收，还可以看到网上电子信息、报刊及进行股市自由讨论。这些信息服务提供商可以是网络运营商，也可以是专门咨询机构、银行及证券公司。

网上电子信息和报刊。信息和报刊上网，其优势非常明显。投资人可以很快地拿到网上报纸，进行股市分析。对于刚刚入市的投资者来说，缺乏必要的风险防范意识和证券基础知识，更需要各种专业指导。在网上电子信息和报刊中，这些问题都可以找到答案，大到证券法律法规和上市公司业绩报告等，难到如何短线交易，易到如何长线投资等，都可以通过 Internet 获得咨询信息。

数字化银行终端

股市自由讨论。网络上各种先进的交流方式也可非常生动地应用到股市中，可以让更为广泛的投资者进行多种形式的交流。常见的交流方式有邮件交流、网上聊天室、新闻讨论组和 Internet 可视电话等。

银行客户可以通过电话银行、多媒体查询机、缴费机、网上银行以及股市、汇市行情的实时接收与显示系统，了解有关股票和外汇的实时行情及开放基金和保险等有关信息，并可完成股票、外汇及保险的买卖。

网络银行

在一般人的思想理念里，总认为"网络银行"是离我们实际生活非常遥远的全无纸化、全理念化、全数字化的虚拟银行，而我们在这里又谈论"网络银行营销学"，是否有些"曲高和寡"和失之偏颇呢？

实际上，对"网络"的导入和运用，在经济领域里，商业银行是一马当先的。在电子网络还没有问世之前，我们商业银行由于其所处的经济枢纽地位，就已经在业务上形成网络，进行会计结算和联行往来，只不过那时我们还没有明确地意识到"网络银行"一词。随着科技的发展，网络技术在银行业中的运用经历了城域网、区域网，最后进入到以互联网为基础的一体化网络阶段。商业银行的业务过程也因此由原来的物流交易和部分信息流交易，发展到全信息流交易，其业务活动发展到仅表现为数字的变化。这便与信息时代的数字化生存和"地球村"理念相吻合，使商业银行成为真正的虚拟化网络银行。这一方面是电讯技术、电子计算机技术和互联网技术的迅速发展使然，另一方面是商业银行的特殊内质、所经营的金融产品和金融业务不断创新使然。综观这段历史，我们不难看出，实际上我们早已置身网络银行之中，早已从电子货币和网络服务中体会到"无需等待，无需远行"的快感，我们早已从信息系统中体会到"眉睫之前、卷舒风云"的壮丽景象。

农行网上银行

137

对网络银行重新认识和定位后，我们必然要进一步探讨网络银行营销问题。在传统条件下，商业银行资本要素构成是有形资产和劳动力，其经营的金融产品的同质性、价格易于同一性等方面的原因，引致传统商业银行的营销策略一般都是采取增加规模效益性地增加营业网点、外延式扩大营销渠道的大规模无差异营销策略。而由于网络银行是处于以互联网为依托的信息时代，其资本要素构成是有形资产和知识资本，营销渠道突破了传统条件下的时空限制，经营的金融产品基本趋于无纸化、理念化、数字化。而且由于经济全球化和金融市场全球化的加强，网络银行就必须根据自身的优势和经营目标的特点，建立起自己的企业文化、管理哲学，营造独特的经营氛围，塑造自己独特的企业形象，以自己独有的品牌魅力获得顾客的信赖，占有独特的市场资源，并针对市场资源的特点开展定位服务，进而采取一对一的个性化集中营销的市场营销策略。

从传统商业银行的大规模无差异的市场营销策略，到网络技术条件下网络银行的一对一的个性化集中营销策略，这一革命性的变化，实际上在市场经济这个没有硝烟的战场上，已早为我们所触摸。几年前，日本的八佰伴、美国的沃尔玛等大规模大集成仓储式的商业营销曾在我国如雨后春笋般蓬勃发展。而随着时代的变迁，我们的部分消费者的消费需求在不知不觉中转到了有品位、有格调的专卖店。这一变化恰好证实了社会需求多层次性存在的永恒命题。我们的社会既需要仓储式大商场和小零售商店并存，又需要电子商务的存在，只不过不同时期侧重点不同而已，同理，经济的发展，需要商业银行提供多种"网点"和多层次的金融产品和金融服务，亦即网络营销与传统营销并不矛盾，只不过是侧重点不同而已，这与网络银行理念的重新界定殊途同归。

航天与军事领域的数字化发展

多种多样的卫星

　　勘探卫星能测量地形，调查地面资源，勘探地下矿藏；气象卫星能拍摄云图，观测风向和风速；间谍卫星能搜集军事情报；实验卫星能帮助科学家在太空中做许多地面不能做的实验；救援卫星能搜寻到遇难者发出的求救信号等。

　　通讯卫星利用位于高空 36000 千米并与地球同步运转的通信卫星作为中继，使各地地面接收站间得以实现双向通信。地面接收站装有抛物天线，对准高空轨道的同步卫星，由星上天线和转发器起作用，好像一条微波线路的中继站。卫星通讯是 20 世纪 60 年代开始的，迄今已接连发射了几代国际通讯卫星。在地球高空轨道安放 3 个同步卫星，就可覆盖全球的地面，实现全

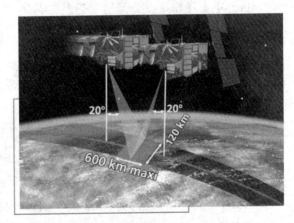

通讯卫星

球国际通信和电视节目传输。卫星通讯只需在两地各设地面站就能相互通信，因此在地面崎岖地区，线路建设比较容易。

由于卫星通讯各方面的技术已经十分普遍，费用逐渐下降，现在不但个别的国家有能力利用，甚至连个别的商业机构也在跃跃欲试了。将来，通讯卫星还可能提供另一种全新的服务，因为能够直接传送的不单是电话和电视，信件、报纸及其他形式的信息都能从世界上几乎任何地方传送到家中，或许就在电视屏幕上显示。

1958 年 12 月，美国发射了"轨道中继通讯卫星"。卫星向地球广播预先录好的美国总统艾森豪威尔的圣诞贺词。"轨道中继通讯卫星"在轨道上运行 1 个多月后，进大气层烧毁。

1960 年 4 月，美国发射的"信使 1B 号"是第一颗装有强大放大器的通讯卫星。"信使 1B 号"重达 250 千克。电源由 19152 个太阳能电池组成。信号放大系统可以将信号放大后再发射出去。

美国在 1962 年 7 月 10 日发射了"通讯号卫星"。它的能源来自 3600 个太阳能电池。"通讯号卫星"可以容纳 60 条电话线路或 1 个电视频道。

最早实现同步通讯的是美国的试验性卫星"同步通讯卫星一号"。它可以达到 22300 千米的高度。在这个高度上，卫星环绕地球的速度与地球自转一致，卫星与地面位置相对固定。

1965 年 4 月 6 日，美国的"晨鸟"号通信卫星发射成功，后称"国际通信卫星" 1 号。它高 0.6 米，直径 0.72 米，质量 39 千克，可以容纳 240 条电话线路或 1 条彩色电视频道。

气象卫星是对大气层进行气象观测的人造卫星。具有范围大、及时迅速、连续完整的特点，并能把云图等气象信息发给地面用户。

1958 年美国发射的人造卫星开始携带气象仪器。1960 年 4 月 1 日，美国首先发射了第一颗人造试验气象卫星。截止到 1990 年底，在 30 年的时间内，全世界共发射了 116 颗气象卫星，已经形成了一个全球性的气象卫星网，消灭了全球 4/5 地方的气象观测空白区，使人们能准确地获得连续的、全球范围内的大气运动规律，做出精确的气象预报，大大减少灾害性损失。据不完全统计，如果对自然灾害能有 3 ~ 5 天的预报，就可以减少农业方面的 30% ~50% 的损失，仅农、牧、渔业就可年获益 1.7 亿美元。例如，自 1982 年至 1983 年，在中国登陆的 33 次台风无一漏报。1986 年在广东汕头附近登陆的 8607 号台风，由于预报及时准确，减少损失达 10 多亿元。

气象卫星实质上是一个高悬在太空的自动化高级气象站，是空间、遥感、计算机、通信和控制等高技术相结合的产物。由于轨道的不同，可分为 2 大类，即太阳同步极地轨道气象卫星和地球同步气象卫星。前者由于卫星是逆地球自转方向与太阳同步，称太阳同步轨道气象卫星；后者是与地球保持同步运行，相对地球是不动的，称作静止轨道气象卫星，又称地球同步轨道气象卫星。在气象预测过程中非常重要的卫星云图的拍摄也有 2 种形式：①借助于地球上物体对太阳光的反向程度而拍摄的可见光云图，只限于白天工作；②借助地球表面物体温度和大气层温度辐射的程度，形成红外云图，可以全天候工作。气象卫星具有：①轨道（低和高轨两种）；②短周期重复观测；③成像面积大，有利于获得宏观同步信息，减少数据处理容量；④资料来源连续实时性强成本低等特点。

气象卫星主要有极轨气象卫星和同步气象卫星 2 大类。①极轨气象卫星。飞行高度约为 600 ~1500 千米，卫星的轨道平面和太阳始终保持相对固定的交角，这样的卫星每天在固定时间内经过同一地区 2 次，因而每隔 12 小时就可获得一份全球的气象资料。②同步气象卫星。运行高度约 35800 千米，其轨道平面与地球的赤道平面相重合。从地球上看，卫星静止在赤道某个经度的上空。一颗同步卫星的观测范围为 100 个经度跨距，从南纬 50° 到北纬 50°，100 个纬度跨距，因而 5 颗这样的卫星就可形成覆盖全球中、低纬度地区的观测网。

导航卫星是为地面、海洋、空中和空间用户导航定位的人造地球卫星。导航卫星属于卫星导航系统

气象卫星

的空间部分，它装有专用的无线电导航设备。用户接收卫星发来的无线电导航信号，通过时间测距或多普勒测速分别获得用户相对于卫星的距离或距离变化率等导航参数，并根据卫星发送的时间、轨道参数求出在定位瞬间卫星的实时位置坐标，从而定出用户的地理位置坐标（二维或三维坐标）和速度矢量分量。1960 年 4 月美国发射了第一颗导航卫星"子午仪 1B"。此后，美国、苏联先后发射了子午仪宇宙导航卫星系列。通过国际间合作还发射了具有定位能力的民用交通管制和搜索营救卫星系列。

美国全球定位系统（GPS）和苏联全球导航卫星系统（GLONASS）是以卫星星座作为空间部分的全球全天候导航定位系统。GPS 采用 18 颗工作星和 3 颗备份星组成 GPS 空间星座。GLONASS 采用 24 颗工作星和 3 颗备份星组成 GLONASS 空间星座。

目前我国也有了自己导航卫星"北斗导航卫星定位系统"，是区域性有源三维卫星定位与通信系统，英文缩写 CNSS。它是继美国的 GPS、俄罗斯的 CLONASS 之后的第三个成熟的卫星导航系统。

卫星定位系统

那么，导航卫星是怎么发展起来的呢？

说起指南针，人们是很熟悉的。它作为我国古代劳动人民的四大发明之一，不仅帮助我国古代人民远涉重洋同世界各国人民架起了友谊的桥梁，而且对世界文明的发展作出了贡献。指南针的奥秘在哪里呢？原来，所有磁体都具"同极性相斥、异极性相吸"的特性，而地球本身就是一个大磁体，这个大磁体和小磁针由于"同性相斥，异性相吸"，磁针的南极总是指向地球的北极，即指向南方。指南针成了人类导航的工具。根据指南针的

142

原理做成的船舶导航仪器就叫罗盘（磁罗盘）。把一根磁棒用支架水平支撑起来，上面固定着一个从0°到360°的刻盘，再用一航向标线代表船舶的纵轴，这就是一个简单的磁罗盘。刻度盘上的零度与航向标线之间的夹角叫作航向角，表示船舶以地磁极为基准的方向。这样，在茫茫大海中航行的船舶，可根据夹角的大小判断出航行的方向。

但是，由于地磁场分布不均，常使磁罗盘产生较大的误差。

20世纪初无线电技术的兴起，给导航技术带来了根本性的变革。人们开始采用无线电导航仪代替古老的磁罗盘。由于无线电波不受天气好坏的影响，它在白天夜里都可以传播，所以信号的收、发可以全天候。用无线电导航的作用距离可达几千千米，并且精度比磁罗盘高，因此被广泛使用。但是，无线电波在大气中传播几千千米过程中，受电离层折射和地球表面反射的干扰较大，所以，它的精度还不是很理想。

当今，每天都有数以百计的船舶航行在茫茫的海洋里。不幸的是全世界大型轮船中，每年都有几百艘在海上遇险。其中有半数事故是由于航行原因造成的，使世界商船队里每年都有几十艘船沉没！

最常见的一种事故就是搁浅。它在沉没的船只中所占比例比较大。例如，从1969年至1973年间，由于搁浅造成了4000艘船的不幸，其中218艘船已完全报废。另一种航海事故是碰撞，特别是在海岸附近、窄水道区和港口通道上更容易发生，当然，这与船只不断增加也有关。例如，通过英吉利海峡的舰船，一昼夜就有400～500艘，由于昼夜或浓雾中航行，船只碰撞的危险时刻存在，难怪海员们说这里是危险的航道。

虽然航海技术和设备在不断完善，但仍不能满足今天的要求。现在航道上出现的差错，不仅给船只和乘员带来巨大的危险，而且常常给周围环境、海洋中的动物世界带来巨大的危害。从超级油轮上流出的石油，有时把沿海几千米的水面都给盖住了，并引起几千种海洋动物和鸟类的死亡……

正因为如此，人们请求卫星来帮忙。1958年初，美国科学家在跟踪第一颗人造地球卫星时，无意中发现收到的无线电信号有多普勒效应，即卫星飞近地面接收机时，收到的无线电信号频率逐渐升高；卫星远离后，频率就变低。这一有趣的发现，揭开了人类利用人造地球卫星进行导航定位

143

的新纪元。卫星定位导航,是由地面物体通过无线电信号沟通自己与卫星之间的距离,再用距离变化率计算出自己在地球或空间的位置,进而确定自己的航向。

由此说到了导航卫星,这种设在天上的无线电导航台,就是现在的导航卫星,也可以说是当今的"罗盘"。目前已有不少国家利用人造地球卫星导航。这种导航方法的优点主要是:①可以为全球船舶、飞机等指明方向,导航范围遍及世界各个角落;②可全天候导航,在任何恶劣的气象条件下,昼夜均可利用卫星导航系统为船舶指明航向;③导航精度远比磁罗盘高,误差只有几十米;④操作自动化程度高,不必使用任何地图即可直接读出经、纬度;⑤导航设备小,很适宜在舰船上安装使用。于是,卫星导航系统应运而生了。

遥感卫星在中国的首次发射是在 1975 年 11 月 26 日,到 1992 年已发射 13 颗。这种卫星和地球资源卫星的性质是一致的,只是它工作寿命短,只有 5~15 天,但是可以回收。它是小椭圆近地轨道,近地点 175~210 千米,远地点 320~400 千米,倾角为 57°~70°,周期 90 分钟。卫星观测覆盖区域在南北纬 70° 之间,覆盖面积约 2000 万平方千米,约为中国的两个版图之广。

遥感卫星

卫星直径 2.2 米,高 3.14 米,圆锥体,重 1800~2100 千克。星载可见光照相机等遥感仪器,能获得大量对地观测照片,具有分辨力高、畸变小、比例尺适中等优点。可广泛应用于科学研究和工农业生产领域,包括国土普查、石油勘探、铁路选线、海洋海岸测绘、地图测绘、目标点定位、地质调查、电站选址、地震预报、草原及林区普查、历史文物考古等多个领域。1992 年 8 月 9 日下午 4 时,中国发射了一颗工作寿命已延长到 15 天的返回式遥感卫星。

间谍卫星又名侦察卫星，其主要用于对使用国家有兴趣的其他国家或地区进行情报搜集，搜集的情报种类可以包含军事与非军事的设施与活动，自然资源分布、运输与使用，或者是气象、海洋、水文等资料的获取。由于现在的领空尚未包含地球周遭的轨道空域，利用卫星搜集情报避免了侵犯领空的纠纷；而且因为操作高度较高，不易受到攻击。

空间物理探测卫星，是用来进行空间物理环境探测的人造地球卫星。传统的空间物理探测是在地面上利用各种探测仪器进行的，只能定性地了解空间物理环境，不能定量地描绘空间的物理状况并研究各物理量之间的关系，再加上大气层的影响，地面探测有很大的局限性。空间物理探测卫星在离开地面几百千米或更高的轨

间谍卫星

道上长期运行，卫星所载的仪器不受大气层的影响，可直接对空间环境进行探测，因而成为空间物理探测的主要手段。空间物理探测卫星所获得的大量观测结果，已促使空间物理学迅速发展成为一门独立的学科。

早期的空间物理探测卫星比较简单，重量不大，往往进行单项或有限几项空间物理探测。后来探测区域逐步扩大，从单个卫星孤立探测，发展到多个卫星联合探测。几颗卫星在预定的轨道上运行，能同时在各个不同区域进行测量。卫星上有一种或多种探测仪器。主要的探测对象是中性粒子、高能带电粒子、磁场、微流星体、电离层和等离子体等。

空间物理探测要求探测仪器直接到达广阔空间的各点，以便获得尽可能大的探测范围。因此这类卫星的轨道倾角不固定，有极轨道也有低倾角轨道。轨道高度变化范围很大。近地点一般在几百千米，远地点可达数千、

数万以至十几万千米。卫星运行寿命至少 1 年，以便探索空间物理环境参数随季节的变化。

空间物理探测卫星

空间物理探测卫星使用的仪器种类较多，对安装位置、探测窗口、温度控制和仪器之间的电磁相容性等要求各不相同。有些仪器如离子探测器、磁强计，为了不受卫星的遮挡或卫星本身磁场的影响，必须安装在长杆子的一端，离开卫星一定的距离。这些都对卫星结构设计提出一些特殊的要求。

空间物理探测卫星测量的数据量大，常常需要用大容量数据传输系统传送到地面。当卫星飞过的地区无接收站时，卫星所测数据先存贮在卫星的存贮器或计算机内，待卫星飞经接收站上空时再将数据发送下来。为了减少不必要的数据传输，卫星对测得数据进行预处理，只把最有用的数据传输下来。

主要的空间物理探测卫星系列有"探险者"号卫星系列、"轨道地球物理台"系列、"国际日地探险者"卫星系列、"宇宙"号卫星系列。中国

1981年9月20日用一枚火箭同时发射的3颗卫星是中国的第一组空间物理探测卫星。

多址通讯卫星是美国海军的一种轻型军用存储和转发卫星，它能从有人值守的地面站和无人看管的传感器接收到电文信息。美国派兵进驻沙特阿拉伯后，为寻找支援"沙漠盾牌"行动的手段，就多次利用多址通讯卫星的存储和转发能力。据美国海军陆战队的查尔斯·盖格上校说："该系统一天可传输20～50页信息，这种传输速度是惊人的。"

舰队通讯卫星是一个以美国海军为主、海空军联合使用的特高频军用通讯卫星系统。它能在海军飞机、舰队、潜艇与地面站之间建立除两极地区以外的全球特高频卫星通讯。该系统不仅可以满足整个舰队的全球战术指挥、控制和通讯的需要，而且还可以使美国军事当局、地面指挥中心直接同舰队中任何一艘舰只进行通讯。

监视卫星是一种用来监视海上舰只和潜艇活动、侦察舰上雷达信号和无线电通信的军用卫星。它能有效地探测和鉴别海上舰船并准确地确定其位置、航向和航速。"白云"号卫星每次发射时一箭4星，一颗重约450千克的主卫星和3颗各重约45千克的子卫星同时截获各种舰载雷达信号，以测定水面舰只的位置。卫星上只带被动式侦察设备用以接收目标发射或辐射的雷达信号，一般载有电子信息收集系统。为了探测潜航的核潜艇，还装备有毫米波辐射仪和红外扫描器。

导弹预警卫星的主要任务是：探测地面和水下发射的洲际弹道导弹尾焰并进行跟踪，提前获得15～30分钟的预警时间；探测大气层内和地面的核爆炸并进行全球性气象观测。

导航星——全球定位系统是一个无线电导航系统，可在全球范围内连续提供位置、速度和时间三维信息。该卫星系统所提供的极其精确的空间和时间信息对于陆上和空中战斗及其支援活动有极其重要的价值，它能使地面部队在沙漠和丛林地带更好地行军；能有效地改进炮队和空地攻击的准确度和协作效果；能使喷气战斗机在空中更顺利地会合并完成加油任务；能让货运飞机准确地把给养和物品空投到9～12米范围内的地面区域；能让战斗轰炸机在使用普通炸弹时其轰炸的精确度可与使用特殊的"灵敏"炸弹不相上下。

国防气象卫星每天绕地球 14 圈，美国军事气象人员通过它收集各种各样详细的气象数据，了解和观测全球各地变化万千的气象情况。根据这些情况，军事指挥人员可迅速做出是否执行各种任务的决定。

运载火箭送卫星上天

计算机最初主要用于数值计算，数值计算广泛应用于天文学、航空航天学、空气动力学、核物理学、数学、力学等领域。根据计算机能快速、高精度的完成各种数值计算的特点，许多科学尖端领域的复杂计算和工程设计都是利用计算机完成的。人造卫星上天的动力机构是运载火箭，从火箭的设计、发射到飞行的整个过程中都要进行大量的数值计算。如火箭的稳定性问题，以及气流速度、压力、温度等物理量的分布问题，还有火箭在飞行中的音速、电离、温升等许多问题都要利用计算机来完成运算求解过程。再者在人造卫星的发射过程中，制导是一项很重要的工作，计算机在制导系统中占举足轻重的地位。地面测试设备将卫星的速度、方位等数据送给计算机，由计算机对这些数据进行迅速的计算分析，并与预先计算确定的轨道参数进行比较，并将有关数据通过电子信号输送给火箭上的控制系统，以便对卫星的轨道施加控制。另外，对卫星的观测也需要通过计算机提供的数据，准确而及时

运载火箭发射

148

地了解卫星的飞行情况。以上这些项目离开了计算机的帮助可以说是寸步
难行的。

数字化军事装备

数字化部队的最主要特征就是从作战分队到战斗车、主战坦克、自行
火炮、战斗指挥车、侦察直升机、战术支援作战飞机、战斗勤务车辆以至
单兵，均配备有数字化装备。当前，正在研制中的数字化装备主要有 3 大部
分：①数字通信设备；②计算机装置；③定位与识别系统。

侦察直升机

1. 数字通信设备

数字通信设备的主要作用，在于它能够提高传输速率，在战斗部队之
间近实时地交换信息。数字通信传送的信号类型包括编码话音信号、数据、
电报、遥测信号以及图形、图像和视频信号等。数字通信设备中有 2 项基本
技术：数字调制和数字编码。数字调制可在脉冲之间的时间间隔内填充不

同的信号，以增强传输大容量数据的能力。数字编码具有较强的抗噪声干扰、相邻信道干扰和信号失真、衰减的能力。数字化部队将采用的数字通信设备主要有：

（1）改进型调制解调器。调制解调器是数字化通信装备的接口装置，是航空兵与炮兵、装甲兵之间、空军与陆军部队之间进行数据通信，实现横向连接的关键设备，被人们广泛应用于计算机的通信领域，它包括调制器与解调器两部分。调制器的作用，是把本来无法传送的信号"搭载"在另外

数字化军事通讯设备

一种可以传送的信号上，一起发送出去；而解调器的作用，则是从两个叠加在一起的信号中，把需要的信号"分捡"出来。

在数字化战场上，将大量使用计算机和进行计算机数据通讯，而计算机只能处理数字信号。一定距离之间的计算机通信必须使用模拟信号，这就需要在发信的一端，先通过调制器把计算机输出的数字信号变换成适合于通信传输的模拟信号，由通信设备传送出去。而在收信的一端，需要经过解调器把通过通信设备收到的模拟信号恢复成数字信号，再注入计算机进行处理，并把结果以数据、声音、图像等多种形式输出给用户。由于在这种方式中牵涉到数字信号与模拟信号的两次转换，故这一过程称为"数—模"和"模—数"转换的调制与解调。如果离开调制解调器，一定距离上的计算机之间将无法达成通讯即数据交换，也就无法实现信息数字化的传递。数字化部队就是使用了大量的改进型调制解调器，从而使各部队、各种作战平台的计算机之间能够进行情报传递，实现信息资源的共享。

（2）车际信息系统。车际信息系统，是专为坦克、战斗车辆设计的嵌入式通信系统。它通过网间连接器与其他指挥控制系统连接，不间断地接

收有关己方部队的位置信息，并自动为自己作战单元内的每辆车以及与其通信的其他用户提供信息。所有控制系统都通过2条总线进行车内和车际之间的连接，其中一条控制武器，另一条传输数据。车际信息系统还能通过与激光测距机接口，准确提供目标位置和目标捕获信息，并把这些信息叠加在显示器的背景图上。

（3）单信道地面与机载无线电系统。单信道地面与机载无线电通信系统，是一种甚高频跳频无线电系统。它具有较强的保密和抗干扰能力，即使面临敌方电子战威胁，仍能保持通信联络。这种无线电系统主要用于通话，但具有一定的分组数据通信能力，可满足不能利用移动用户设备的低级梯队的通信需要，通信距离达8~35千米。为适应数字化战场建设的需要，美陆军目前正从事该系统的改进计划，其改进目标之一是提高传输数据的性能。如果进展顺利，改进后的系统将增加数据流量，提高数据通信效率。

（4）AN/TSC—125（V）1卫星通信终端。AN/TSC—125（V）1卫星通信终端，将装备在固定翼飞机、直升机、履带式和轮式车辆、掩蔽所以及舰船上，可处理保密话音、固定格式或明文数据和数字图像。

（5）超低空飞行用的通信高频电台。这种电台具有自动链路建立能力，能根据环境的变化，自动选择合适的通信频率。这种电台对航空兵尤为适用。

（6）"快响应"II跳频电台。这电台在通话和采用传统保密技术的基础上，将增加跳频和数据通信功能，以增强数字化战场保密通信能力。这种电台主要供航空兵使用。

2. 计算机装置

美陆军为了实现战场数字化，正在引入轻型计算机装置以及无需辅助设备的加固型高级便携式工作站，以支持战术指挥控制功能。当前美陆军研制的主要计算机装置主要有：

（1）轻型计算机装置。V2AIL轻型计算机，将作为数字化战场上使用的标准战术计算机，它配有80486系列处理机，有33兆赫和66兆赫两种时钟频率。硬盘存储容量为250、340或500兆字节，可任选单色有源矩阵或

151

彩色有源矩阵改进型液晶显示器、车际信息系统、美陆军战术指挥控制系统、旅和旅以下指挥控制系统的软件可在该计算机上运行。

（2）"火炬"工作站。其特点是结构严谨，采用先进的高位端运算技术，简化了高分辨率图像寻址运算指令集，时钟速率为60兆赫，其标准结构配有16兆（可扩展到128兆）字节的内存，525兆字节的硬盘。在处理系统中装入了协邮处理器，每秒钟能处理7000万条指令，可提供精确运算；采用像素

军用计算机

为640*480元的全色有源矩阵液晶显示器，可提供高清晰度图像。

（3）TAC—100背负式战术工作站。TAC—100背负式战术工作站，是一种高级通信终端，可作为接收装置或基地电台使用，也可以与单信道地面与机载无线电系统连接。

（4）可佩带式计算机。该计算机主要部件是一块芯片，但具有与任何个人计算机相同的功能，配上通信系统可传输图像、数字和文本格式的信息。其特点是小而轻，仅重1.5千克，适合在恶劣的战场条件下使用。

3. 定位与识别系统

定位与识别系统的作用，是使各级指挥员正确掌握敌人、本级、上下级以及友邻的位置信息，提高敌我识别能力，减少对友军的误伤。当前，已经投入使用或正在研制的定位与识别系统，主要有以下几种：

（1）GPS。GPS是全球定位系统的英文缩写。利用GPS接收机，可以直接测定地球表面上任一点的三维坐标，它具有全时空、全天候、高速度、高精度、连续定位、不受行政边界限制的特点。美国国防部于1973年开始实施全球卫星导航定位系统的研制计划，该系统由21颗工作卫星与3颗备用卫星、地面控制系统和用户定位设备组成。24颗卫星于1993年6月26

日部署完毕，耗资 30 多亿美元，这 24 颗卫星分布在 6 个轨道面上，在地球上空 20183 千米的近似圆形的轨道上运行，周期为 12 小时，轨道倾角 55°，两个轨道面之间在经度上相隔 60°。卫星上装备有原子钟、导航电文存贮器、伪码发生器、发射机和接收机等设备，用微波播发导航电文。电文经接收机计算处理后，可使全球任何地点和近地空间的用户得到关于某点的全天候、高精度、连续实时的三维坐标，同时还可为电子系统提供精确的时间输入。

GPS 的地面控制系统包括监测站、主控站和注入站；监测站在卫星过顶时收集卫星播发的导航信息，对卫星进行连续监测，并将数据传给主控站；主控站提供 GPS 系统的时间基准，控制调整地面站工作，处理各监测站送来的数据，编制各卫星的星历，并把导航信息送到注入站，控制卫星的轨道及其状态，调用备用卫星等；注入站在卫星通过其上空时把导航信息注入给卫星，每颗卫星的导航数据每隔 8 小时注入一次。

GPS 定位服务精度分为 2 个等级，采用基本的粗/捕获码（英文缩写为 C/A 码）单频信号提供的动态定位精度称为标准定位服务，用双频精密码信号（英文缩写为 P 码）提供的动态定位精度称为精密定位服务。采用 C/A 码的用户可获得的定位精度为 15 米，而采用 P 码的用户定位精度可达几米以内。依据保密政策规定，美国国防部对 GPS 的精度控制采取了保密措施，即选择可用性，也就是使卫星发送的轨道和时钟数据有意出现微小偏差，确保 C/A 码接收机的定位精度下会超出 100 米。同时，为了防止 GPS 接收机被敌方干扰，还采取了反诱骗 A－S 措施，即将 P 码加密后形成 Y 码，使用户避免受对方故意发射的含有误差的 GPS 信号欺骗。

全球定位系统 GPS 是有史以来最精确的无线电导航系统，在军事上已从单纯的导航定位扩展到目标捕获、武器校射与制导、传感器布设、照相侦察和电子情报标注、指挥控制、搜索与求救等各领域，应用范围日益广泛。

目前，美军正在进行为期 3 年的"GPS 火炮试验引信"研究计划。该研究计划的目的，是利用在炮弹引信内加装的 GPS 转换器，将实时接收到的卫星信号经转换后，发给人炮上的接收/处理机，由其计算出弹道修正

153

值，再传至弹道计算机，控制后继炮弹修正弹道，直到击中目标。整个系统，包括 GPS 接收机/转换器、无线电发射器，体积不超过 150 立方厘米。另外，美军已研制出手持式精确轻型的全球定位系统接收机。该机是一种 5 信道 C/A 和 P–A 码接收机，配有 RS–232 和 RS–422 串行数据总线接口，用以传输 GPS 的导航信息，具有选择可用性/抗电子干扰能力，重量仅 3 磅，可装在军用车辆、飞机和船上，其功耗很低，适于步兵和特种作战部队手持操作。

近年来，美国还在探索用 GPS 系统来导引导弹，以提高灵巧武器的打击精度，麦克唐纳–道格拉斯公司已向美国海军交付了一批装备改进型 Block Ⅲ系统的"战斧"巡航导弹，其内配备有 GPS 的高级数字式场景匹配区域相关器，用以替换现行的等高线对比地形匹配系统。导航星全球定位系统的充分配备，可以大大提高灵巧武器系统的利用效能。

（2）车辆定位与导航系统。车辆定位与导航系统，是坦克指挥与控制系统的一个重要组成部分。它具有精确定位能力，能实时提供车辆的坐标位置、行驶方向、距目标的距离，为炮火支援指示目标。它所提供的信息显示在车内显示器上，并可通过电台传递到指挥车的显示设备上。

车辆定位于导航系统

目前在 MIA2 战斗车上的车辆定位导航系统经实验后表明，该系统使坦克车队行军的准确性提高 96%，完成行军任务的减少 42%，车辆绕过核、化污染区的成功率增加 33%，节省燃料 12%，报告位置精确度达 99%。

（3）增强型定位报告系统。增强型定位报告系统，是一种数据无线电通信系统，其数据分发和控制能力可支援移动式数字化战场通信。该系统能传送火力请求、目标跟踪数据、己方和友邻部队位置数据、战斗命令、报告、任意文本、态势感知、战斗识别和指挥控制同步信息在这种嵌入式数据保密装置中，采用了一种抗干扰波形和时分多址结构以消除干扰，因此30个信道可同时工作而不会互相干扰。猝发数据率为512比特/秒，可保障有效的多址工作。该系统被视为满足数字化部队进行数据无线电通信的所需要的基本系统，像单信道地面与机载无线电系统一样，它将成为实现数字化部队设想的主要手段。

（4）毫米波敌我识别系统。毫米波敌我识别系统，是一种以数字式加密的毫米波问答式全天候战斗识别系统，由询问器和应答器组成，可在地面战场识别坦克和战车。当识别系统被安装在战斗车辆上时，在车体外部要设一专用天线，并将毫米波发射装置与车上的激光测距系统连为一体，与战斗车辆的火控系统随动。一旦发现目标后，毫米波发射装置可发射38千兆频率以上的窄波束向被探测的目标发出询问信号，接收机将检验这些目标是否用能以当日统一的识别信号做出回应，以此鉴别目标是己方还是敌方的。该系统在有烟、雾和大气干扰的恶劣战场环境中具有很强的识别能力，作用距离为16~18千米。由于它采用了扩频技术，使信号淹没在噪声之中，因此，敌方的侦察接收机难以截获。美国陆军计划在19种武器平台上装备这种战场敌我识别系统，其中主要包括MIA1与MIA2主战坦克、侦察车、战斗工程车、M109A6"帕拉丁"155毫米自行火炮、AH-64C/D"阿帕奇"直升机以及OH-58D"基俄瓦勇士"侦察直升机等。

（5）多传感器目标捕获、瞄准系统。多传感器目标捕获、瞄准系统，是由美国休斯飞机公司研制的。它由各种类型传感器、处理器和显示器等装置组成。传感器由热成像传感器和毫米波雷达传感器两者互为补充，热成像传感器能较灵敏地测定目标的横移速度，但对目标的距离信息不敏感，而毫米波雷达则能测定至目标的距离及距离变化率，而对目标的横移速度不敏感。两种传感器获得的信息经过中央处理器的处理得到信息综合，从而实现自动的目标识别功能，并能对捕获的每个目标类型及目标信息的可信赖程度确定优先交战的目标次序。在战斗车辆乘员的参与下，该系统能自动跟踪目标、计算射击诸元并以"猎手-射手"的工作方式，将当前目标交给坦克的武器射击系统，同时目标捕获系统又开始新目标的处理过程。

战斗车辆乘员则可通过显示器的操作面板与系统对话或实施外部控制。该系统装到 MIA2 战斗车上后，提高了坦克火控系统的自动化程度和火力反应速度。

未来的数字化部队，就是在装备以上三大装备后，通过电子计算机利用改进的调制解调器、车际信息系统等进行各种武器系统之间的数据、图像、图表和命令等情报的实时传递，全面综合来自各种渠道的侦察数据，包括士兵、野战炮兵及飞机发回的图像和报文，由战斗指挥车等平台上运行的旅以下指挥控制系统迅速组合出战场的动态画面，利用有关设备，使下属了解上级意图，及时向战斗部队发布战斗行动的命令，从而实现了作战部队和各种武器系统之间的信息共享。

智能内衣，这是美国圣迭戈的海军研究人员为士兵研制的一种高技术智能内衣，在该内衣中编织进了光纤网络、导电聚合网络和能监测士兵身体状况的微型测量系统，在肚脐处有拾音器。在腰部装有微型无线电收发芯片。当士兵受伤时，伤处的光纤和导电纤维被切断，受伤部位会发出信息；拾音器用来分析受打击的声音信号，判断是刀伤还是枪伤。这些信息通过微型无线电发送到救护中心。医护人员接到信息后再向智能内衣发出询问信号。内衣通过自身的测量装置向医护人员报告伤者血型、血中含氧量等项目，从而可使医护人员诊断出伤者是内脏出血还是动脉出血等问题。这样当医护人员一接触到伤员，无须再详细检查，就可直接有目的地进行救护。由于赢得了时间，大大提高了救护能力。

军事电子地图与 GPS 定位

在 1991 年初的海湾战争中，美军第一次在战争中使用了全球定位系统电子地图即发挥了显著的作用。一批使用过电子军事地图的美军官兵们无一不称赞它是茫茫沙漠中的一盏指路明灯，它不仅保证了美军在异国荒漠中成功地组织了一场卓有成效的战斗，而且还挽救了不少美国军事人员的生命，使其大出风头。

电子军事地图的应用实践证明，它在军事上具有不容忽视的潜力。专家们预言，在未来的战争中，每个士兵的手中将都会有一个电子军事地图装置。这样，无论他们是单兵作战还是集群作战，无论他们是在沙漠上还是在密林里，无论他们是步行前进还是机械化快速推进，都不会迷失方向。他们可以通过电子军事地图了解周围的地形地貌，能够看到

电子军事地图

指挥官下达的作战命令，在指定的地点和时间内迅速准确地完成各类战斗任务。

在舰艇上服役的士兵，利用电子军事地图可以准确无误地完成海上巡逻、火炮和导弹发射、水下排雷、敌我识别，登陆作战等军事任务。空军官兵使用电子军事地图更是如虎添翼，它不仅可以帮助飞行人员掌握飞行航向、定点空投和掷弹目标等军事作业，而且还能够排除浓雾暴雨及其他干扰，实施全天候起飞和降落。专家们指出，未来电子军事地图的应用范围不仅仅局限于大规模的战斗中，而且还将扩大到诸如抢救人质、反间谍、军事监测、安全保卫等其他军事领域。届时电子军事地图将不再是一种单纯意义的地图，而将成为一种具有特殊功能的电子武器。

自从电子地图问世以来，不少国家的科研部门和电子制造厂商纷纷投入大量人力和物力，积极研制和开发更为完善、更为先进的电子地图装置。利用地球同步卫星定位技术的电子地图就是其中的一个典型例子。

"全球定位系统"由空间段、地面段和用户段3大部分组成。空间段有24颗地球同步卫星，它们在距地面20183千米的轨道上用2种不同的频率将定位信号均匀地发射到地面上，供全球所有用户使用。地面段包括1个主控站、5

个监控站和 3 个数据发送站，用来监视和控制地球同步卫星，并连续不断地对卫星各种数据进行测试、计算和调整，以确保卫星定位时钟准确无误。用户段则由世界范围内适用于各种用途的全球定位系统接收机所组成，每一个接收机都可以利用所收到的卫星定位信号精确地测定自身所在的地理位置，并将结果显示在液晶屏幕上，以满足各种使用者的需要。

实际上，利用全球定位系统的电子地图就是一种将全球定位系统数字信号与地图数字信号相结合的电子装置。全球定位系统接收机能够随时随地获得当前的位置信息，而地图数据库则能提供数字地图，再将两者信号结合在一起并在液晶屏幕上显示，便成为一种新型的电子地图。除了军事上的应用，在民用领域 GPS 也已经开始大规模应用。荷兰飞利浦公司推出的一种称之为"Carin"的电子装置，就是这种新型电子地图的一个典范。"Carin"电子装置包括一根安装在汽车顶部的全球定位系统天线、一个在汽车驾驶盘右侧的 12 厘米彩色荧光显示屏、一个全球定位系统接收机和一个 CD - ROM 地图数据库。司机在驾驶汽车时，只要按下目的地的地名，系统中的计算机就会立即从存储在 CD - ROM 中的地图上搜寻所需的数据，几秒钟后便能告诉司机走哪条路最省时间，并通过荧光屏上的指向光标帮助司机导向。令人兴奋的是，该装置还能向司机提供娓娓动听的合成语音提示："请你向左拐"、"请你靠右行"、"请你减速行驶"、"请你打开方向灯"……这套售价 2 万法郎的电子地图装置，就像你的亲密朋友时时伴随着你，为你指路，保你一路平安。未来的电子交通地图专家们指出，在今后几年中发展最为迅速的电子地图就数电子交通地图。它将广泛地出现在汽车、飞机、轮船和火车等交通工具上。

根据有关部门调查结果表明，全世界每年因船只、飞机和车辆事故所造成的经济损失无法估量，而且在这些交通事故中，由人为驾驶失误造成的要占总数的 80% 以上。今后，随着电子交通地图的普遍使用，不仅可以大幅度降低船只、飞机和车辆的事故率，而且还可以为人们带来极大的经济效益。以我国铁路部门为例，今后列车采用电子地图后，每列列车的运行间隔时间至少可以比目前缩短 1/2，使其运输能力也相应提高 1 倍。又如，美国从 1993 年开始全面使用全球定位系统电子地图，仅用于指挥穿越大西洋的巨型油轮一项，每航行一次就可以节省运费数百万美元，而普通商船安装电子地图系统后，则每年每艘可为航运公司带来数千万美元的经济效益。

目前的电子交通地图不但可以向人们显示某个地区、某座城市的地理位置和行驶路线，而且还可以向人们提供诸如查询、检索和计算等服务功能。当汽车司机在陌生地域行驶时，他可以向电子地图查询前方道路的位置和交通状况；可以随时计算到达目的地的最短距离和时间；也可以在磁盘上检索相邻城市或地区的交通信息。如果司机在电子地图上指定行驶路线后，汽车就会进入自动驾驶状态。一旦发现汽车偏离指定的路线，电子地图便会提醒司机走错了道路，应该调整方向。当遇到交通高峰道路拥挤堵塞时，司机可以让电子地图作参谋，标出最佳迂回路线；当汽车发生故障抛锚时，电子地图能寻找距离最近的汽车修理部；当汽车发生意外事故时，电子地图也能提供附近医院、交通救援等部门的电话号码，通过无线电话通知前来帮助。

159

军事战争中的数字化应用

冷战结束以后，国际形势发生了重大而深刻的变化，世界正处在一个动荡、分化、改组和向多极化发展的时期。许多国家为了在新的世界格局中争取有利之势，争相利用当前"总体上趋向缓和"、"社会由工业时代向信息时代过渡"的有利时机，构建"21世纪部队"，抢占新世纪角逐中的制高点。为此，世界军事领域展开了一场以信息技术为核心的新的军事

数字化军事战争

技术革命，亦被称之为"第三次浪潮"中的军事革命。它以信息技术为重点，以数字化技术为突破口，通过战场 C³I 系统的数字化、武器系统的数字化和组建数字化部队，逐步实现成场的数字化。目标是充分利用现代信息技术，建设 21 世纪新型军队，打赢信息时代战争。其来势迅猛，影响深刻，引起了世界各国的普遍关注。

所谓战场数字化，是指数字技术在整个战场上包括战斗、战斗支援和战斗勤务保障系统中的广泛运用。通过无线电台、光纤通信、卫星通信等传输手段，把战场指挥机关、作战部队、后勤分队及单件武器装备以至每一位士兵，都置于一个纵横交错的计算机网络之下。其目的是通过对战场信息的搜集、交换处理，描绘出一个通用的、与战场相关的电子画面，使各级指挥官和参谋人员利用共有的数据库获得清晰、准确和适合需要的战场及空间画面，缩短采取行动的决策周期，使作战和勤务保障人员能更有效地执行各项任务。

战场数字化指挥

著名未来学家托夫勒一针见血地指出："战场数字化是赢得下一场战争的关键。"美陆军部前部长韦斯特上将也直言不讳地说："我们把 21 世纪作战胜利的赌注压在了数字化技术上。"战场数字化趋势，对各国军事战略、军队建设、作战理论、武器装备开展以及后勤保障等方面产生了一系列深刻的影响，为各国政治家、军事家、科学家们提出了众多的新课题。尽管当前新军事技术革命的实践大都还处在试验探索阶段，但一场"没有硝烟"的理论前沿战却早已打响。

有人称1991年的海湾战争是一场电子战，是硅片制服了钢铁。交战的一方联合部队发起进攻之前，就摧毁了对方的指挥通讯系统，使装备了各式武器的庞大队伍失去指挥，中断了联系而处于瘫痪状态。巡航导弹低空漂游，穿堂入室以神机妙算的准确度击中目标，所有这些都是小小的集成块施展的威力。

在海湾战争中，这种以数字技术为核心的军队指挥、控制、通信、计算机和情报系统使参战的"各种兵力、兵器之间在探测、情报、识别、跟踪、指挥、攻击方面通信畅通"，实现了"总体力量综合"，使部队之间的凝聚力与互通能力，达到了前所未有的程度。

161

海湾战争的参战兵力与诺曼底战役的参战兵力相差不多。但是在诺曼底登陆战役中，盟军只能事先对作战计划进行多次修改，把作战行动事先编排好。部队投入战斗后，就只能各自行动，盟军最高指挥官基本上无法控制作战行动的进程，不能实施有效、及时的指挥，只能充当"旁观者"。而在海湾战争中，快速畅通的通信联络，再加上精确导航与遥感器材，使作战行动以完全不同于过去的样式进行。例如，要用激光制导炸弹轰炸某个目标，可以由后方地域的分析人员将卫星侦察获得的数据传送给空军或海军执行轰炸任务的飞机，并在预警飞机的精确引导下，对目标实施攻击。在地面作战中，多国部队的地面作战部队与战术支援部队的协同也是通过数字化系统来进行的。

军用预警飞机

在当今动荡不安的世界环境中美军四处出兵作战。如入侵巴拿马，空袭利比亚，出兵海地、索马里，进行海湾战争等。这些作战行动力美军思考如何建设 21 世纪的部队提供了许多有价值的实战经验和教训。

隐形飞机

美陆军前训练与条令司令部司令小弗兰克斯上将说"'沙漠风暴'行动既有工业时代战争的陈迹，又有以知识为基础的信息时代战争的先兆"。在这场战争中，以美军为首的多国部队把当今世界上几乎所有的先进武器都展示出来。波斯湾地区完全成了世界武器装备的"博览会"和"实验场"。除了隐形飞机、航空母舰、坦克、装甲战车、火炮等先进武器平台外，海湾战争最大的一个特点就是多国部队投入了大量的信息武器系统。比如指挥、控制、通信和情报系统，精确制导武器系统，各种侦察和通信卫星、顶警飞机、侦察机、电子战飞机、无人驾驶飞行器、雷达，各种战场传感器，全球定位系统等等。这些武器系统在海湾战争中为美国为首的多国部队迅速取得战争胜利起了决定性作用。

多国部队在海湾战争中的飞机战损率不到 0.04%，而将伊拉克的防空能力摧毁了 90% 以上，将伊拉克的地面作战部队摧毁了 50% 以上。多国部队的空中作战行动战果如此之大，损失如此之小，都有赖于信息系统的有效的指挥控制和占有绝对战场信息优势的保障。作为多国部队主力的美军部队只有 53 万人、2200 辆坦克、2800 辆装甲战车，却能打败伊拉克约 100

万人、5600 辆坦克、6000 辆装甲战车的地面部队，除了武器本身性能的优劣之外，很重要的一条，就是伊拉克在信息方面处于绝对劣势。以美军为首的多国部队凭借其在指挥控制方面、侦察探测方面、电子战方面的优势，为其地面部队的行动提供了重要的支援保障，克服了兵员和武器数量上的劣势。多国部队通过指挥、控制、通信和情报系统，可以准确地事先得知伊军的配置位置，把己方部队部署在最佳作战位置；在接敌运动时依靠先进的探测装置，夜视器材可以首先发现目标，先敌占领有利位置，先敌开火；当遇到强大的敌人时，又可以通过畅通的通信系统，迅速召唤空中和地面火力的支援；武器系统优异的火控系统和制导系统，保证能够首发命中目标。多国部队在战争中，始终实施了有效的电子战，彻底瘫痪了伊拉克的指挥控制系统。这些都使多国部队彻底掌握了战场上的信息权。

163

海湾战争中，多国部队在短短的 42 天内以少得令人难以置信的损失大获全胜。这个结果使美国人更清楚地看到了技术优势，特别是信息技术优势在现代战争中所具有的潜力，尝到了信息优势的甜头。海湾战争结束后第一年的美国国防部《国防报告》中就明确提出，美国必须保持军事技术的领先地位，着眼于研究和发展 21 世纪的新兴军事技术，以保持和提高美军数量减少后的战斗力。

同时，美军领导人也深刻认识到信息战将主宰未来战场，信息是战斗力的倍增器。"战斗力是随着战场信息的流动而产生，陆军必须根据任务的需要，灵活地改变战场信息的传递方式。"同时，海湾战争也使美军品味出了信息掌握不全面、信息传递不及时、不顺畅的苦头。美军多次出现战场误伤事件就是其中一个最为突出的问题。战后美军认为，出现 28 起误伤事件的原因是战场能见度差，战斗紧张，错误确定目标和无所不在战争恐惧症，尤其是没有先进的敌我识别装置。从深层次来看，实际上就是战场信息的掌握还不能适应战场迅速变化的情况，特别是在作战基层单位存在的问题更大一些。所以美军也把从根本上解决敌我识别问题寄希望于战场数字化建设上。

总之，近期局部战争的经验，尤其是海湾战争正反两方面的经验教训告诉美军，要赢得未来信息战的胜利，必须着手建立信息化的部队，从而形成信息化的战场，在整个战场上实现信息的实时共享，让部队的"眼睛"更明，"耳朵"更灵，才能以更强的整体力量去战胜敌人。

现代国防数字化部队

数字化部队是指以计算机技术为支撑，以数字通信技术联网，使部队从单兵到各级指挥员，使各种战斗、战斗支援和战斗保障系统都具备战场信息的获取、传输及处理功能的部队。

数字化部队

信息化战争是广泛使用信息技术及其物化的武器装备，通过夺取信息优势和制信息权取得胜利而进行的战争，数字化部队是进行信息化战争的基础：

（1）数字化部队的数字通信系统、计算机系统具有信息传输、处理速度快、准确率高，保密性能强，抗干扰能力强等特点，使上级与下级之间、友邻部队之间、单兵与作战平台之间、武器与武器之间的信息的获取、传输和处理实现了一体化，因此，能对战场上出现的各种情况，立即做出反应，迅速采取对策，能实时发现目标、实时决策、实时指挥、实时机动、实时攻击，符合信息化战争战场一体化的要求。

（2）数字化部队广泛采用传感技术、定位和识别技术，具有先进的信息探测与获取能力，将侦察情报系统与数字通信系统、指挥控制系统相结合，各级指挥员能够清楚地掌握交战双方作战部署和作战企图，能集中优势力量打击敌要害及薄弱部位，使战场呈现高度透明。

（3）数字化部队采用以先进的软件系统为核心的指挥控制系统，加上完善的数字通信系统，能够建立起可靠的战场指挥信息网络，从而把战斗、战斗支援和战斗保障力量连成一个整体，各级可以共享战场信息，使指挥程序简化，并在加强上级集中统一指挥的同时，又使下级摆脱了指挥方面的依赖性，使具体指挥权得到合理的分散。实现了既要高度集中又要相对自主的信息化战争指挥控制要求。

（4）数字化部队的数字通信网络可实时传递"声像化"信息，上级指挥官只要发出指令，部属就可以按上级意图协同动作，以最快的速度形成战斗力。由于各种战斗车辆和战斗人员都配有定位导航系统，能够知道自己在战场上的准确位置，因而也就更加容易在各种复杂的战场环境下采取协同动作，形成整体合力。这不仅使复杂的作战协同趋于简单，而且减少了战场上的不确定因素，便于组织多军兵种的联合与合成作战行动。

（5）数字化部队能够利用数字通信系统和后勤技术指挥控制系统，提高后勤技术保障的时效性和灵活性，使繁重、复杂的作战保障变得简单、便捷。战斗中，数字化部队的后勤技术部门不仅可以通过信息系统掌握战斗部队作战物资的消耗情况、人员车辆的损伤情况，迅速根据需要组织救护和保障；而且，保障机构还能够准确掌握战损车辆和人员的位置，及时赶到救护和补给地点，保证了战场补给、抢修、抢救等保障工作的快速性、有效性。

（6）数字化部队改变了传统的作战方式，使信息获取、传递、处理实时化，使目标探测、监视、分配、打击、毁伤、评估一体化，从而使部队的整体能力得以充分发挥，使部队的作战能力"倍增"；同时，数字化武器装备反应速度快，射击精度高，防护能力强；数字通信系

数字化指挥控制系统

统保密性好，部队作战易达成战役、战术突然性。这些都极大地提高了部队的作战效能。

但不管怎么样，数字化部队的基础还是它的武器装备和人员，数字化只是让其可以发挥更大的威力，如果将数字化部队的武器装备去掉，只保留人员和一堆信息化设备，这个部队的打击力和防护力就连18世纪以前的冷兵器部队都赶不上。而战争最终还是要通过双方交战来解决的，可以想象的是只有一些计算机和通讯设备是无法对对方造成什么实质性的损伤的，不战而屈人之兵是威慑而不是战争。

战场网络数字化建设

指挥、控制、通信、情报系统（C^3I 系统）是一个国家威慑力量的重要组成部分，是现代军队的神经中枢。C^3I 系统按作战任务的性质和规模分为战略 C^3I 系统和战术 C^3I 系统。如果按系统的功能分类，一般可分为侦察探测和预警系统、数据处理和显示系统、通信系统、电子战系统、防空系统、火力支援系统、后勤系统等。

战略 C^3I 系统一般指用来指挥控制战略部队的 C^3I 系统，美军战略 C^3I 系统的全称是全球军事指挥控制系统（WWMCCS）。它不是一个单层结构的系统，而是一个由许多子系统组成的大型金字塔式结构的 C^3I 系统。它的主要组成部分包括10多个探测预警系统、30多个指挥中心和60多个通信系统以及安装在这些指挥中心里的自动数据处理系统。美军战术 C^3I 系统包括陆军战术 C^3I 系统、海军战术 C^3I 系统和空军战术 C^3I 系统。陆军战术 C^3I 系统一般是指军以下单位使用的 C^3I 系统。

在信息时代，信息战制胜是在两军对垒中迅速取得决定性胜利的中心环节。欲以信息战取胜的一方，必须具有实时收集、处理和传送信息的能力，并同时不使敌方获得同样的能力，陆军作为联合武装部队的一部分，必须通过其计划和行动，实施干扰，乃至破坏敌方的信息传输，从而确保己方获得准确而有用的信息。从根本上说，每一种现代化武器系统只要依靠兼容的数字数据链路，并通过显示器共同观察战场来提高反应能力，都可成为信息战制胜的有机组成部分。

数字化情报侦察系统。为了在未来战场上以信息战取胜，美陆军正在实施一个庞大的发展计划。其中实现侦察和信息系统现代化占有极其重要的地位，囊括了战场指挥、控制、通信和情报（C³I）的各个方面，因为它们对于指挥员获取准确的信息至关重要。美陆军为了通观战场，加强了空中侦察系统的研制工作，主要系统有：

RAH－66"科曼奇"武装侦察直升机，是美陆军新一代直升机，主要用于空降突击部队。它将显著提高美陆军在各种地形、恶劣气候和战场环境下昼夜作战的能力。由于它在飞行速度、抗毁能力、空对空作战能力方面都有较大提高，并配备了第二代宽视场数字式前视红外系统等先进的设备，故可支援部署在前线的部队和应急作战部队，进行近距离和大纵深作战。该直升机尺寸小，生产型重3522千克，巡航速度314.5千米/小时，最大飞行距离达1260海里，续航时间2.5小时。它能完成目前需要AH－1、OH－58A/C和OH－6三种直升机才能完成的任务，具有较强的作战和支援能力。一旦它装备部队，可大大提高美陆军战术作战的灵活性。

"护栏"系统，是用来向军级和师级指挥部提供目标情报信息的决策支持系统。RC－12和RU－21系列飞机将作为军级情报收集系统的运载平台。RC－12K/N/P飞机机载的"护栏"通用传感器系统把改进型"护栏"V系统的通信情报传感器与高精度机载通信定位系统综合在一起，可对360千米以外的敌方无线电台测向和定位，具有先进"快看"系统的电子信号截收和测向功能。美军在驻欧第5军装备了第一个"护栏"通用传感器系统。美军第3军装备了改进型"护栏"V通信情报传感器系统。1994财年，美第18空降军也装备了改进型"护栏"V通用传感器系统。美军还将向韩国提供这种传感器。"护栏"V将继续为美军情报和保密司令部服务，并继续在第3军和第18空降军中服役。

近程无人航空器，将使陆军指挥官至少能够在距离己方前沿150千米的地方，对敌进行全天候侦察，并具有快速反应能力。更重要的是，无人航空器在敌占区执行侦察和监视任务期间，可避免己方作战人员受敌方火力

167

的伤害。近程无人航空器不仅用于陆军和海军陆战队，而且还用于海军的航母和较大的两栖攻击舰上。

近程无人航空器是正在研制的无人航空器系列中的基本型，该系列还包括垂直/短距起落、留空时间长的中程无人航空器。最初装备的近程无人航空器将配备白昼电视、夜用前视红外系统和微光侦察系统。近程无人航空器的作战半径为150千米，冲刺速度大于203.5千米/小时，巡航和空中巡逻速度小于111千米/小时。该航空器的留空时间为8～12小时，在此期间，无论是白天还是黑夜，都可提供近实时的图像信息。

联合监视与目标攻击雷达系统（简称"联合星"系统），是由美国空军和陆军于1985年开始合作研制，1989年生产出样机，用以满足空中地上作战需要的指挥控制和通信系统。该系统由改进的波音707－320C飞机、机载AN/APY－3雷达、2部高频/单边带（HF/SSB）电台、16部HAVE-OUICKI型超高频（UHF）电台、5部甚高频/调频（VHF/FM）电台或1部联合战术信息分发系统（JTIDS）数据通信终端设备、FMS－800飞行管理系统、158部计算机网络设备和车载地面站组成。它能为陆军和空军指挥官提供完整的战场状况，使他们对敌方前沿地域的进攻规模、兵力部署以及纵深第二梯队和后续部队的推进情况了如指掌。

数字化指挥控制系统。指挥控制系统领域的装备是美陆军武器装备发展重点中的重点，这也是数字化 C^3I 网络的核心内容。主要装备有：

指挥控制车，是一项联合研制计划，包括现代化装甲车和指挥控制系统两部分。它采用"布雷德利"战车的底盘，并在此基础上安装了指挥控制设备，用以代替海湾战争中重兵机动集团用的M577A1指挥所运载车。这种车辆将为移动指挥所提供快速机动能力、较强的抗毁能力以及定位导航能力，并增强指挥所对核生化武器的防护能力。指挥控制车将装备陆军战术指挥控制系统的硬件和软件，增强自动化指挥能力，并通过与武器系统兼容的数字调制解调器扩大通信能力。1993年3月，指挥控制车按计划完成了可行性论证，相继由各承包商和军方分别对样车进行了系统试验和鉴定。未来的计划将继续进行标准系统和各分系统的合格试验，车内功能设备试验和样车生产。

标准化综合指挥所系统，是美陆军研制的系列化指挥所设施，计划容纳美陆军5个战场功能领域的设备，包括机动控制系统、前方地域防空指挥和控制系统。"阿法兹"高级野战炮兵战术数据系统、全信息源分析系统和战斗勤务支援控制系统。该系列化指挥所设施包括帐篷式刚性方舱型指挥所、履带车型指挥所、5吨重加长的厢式车型指挥所和M998高机动性多用途轮式车型指挥所。帐篷式刚性方舱的侧壁尺寸为3.34米×3.34米，可互换和任意组合。这种方舱安装在高机动性多用途轮式车上，通过配置指挥控制设备、5千瓦的电源装置和核生化综合防护设施等，构成帐篷式刚性方舱型指挥所。履带车型指挥所和5吨加长的厢式车型指挥所，也同样是在相应车辆上配置了指挥控制设备构成。其中帐篷式刚性方舱型指挥所和履带车型指挥所已小批量生产，5吨加长的厢式车型指挥所和高机动性多用途轮式车型指挥所仍在研制中。

多维作战管理与武器控制系统，美陆军1993年版《作战纲要》提出了"全维行动"的概念，强调未来的军事行动是涉及各维空间的行动。同时数字化战场将向指挥官提供大量的实时数据。如何从中筛选出有用的信息以指挥全维军事行动，遂成为急待解决的主要问题。为此，美国雷西昂公司最近推出了多维作战管理与武器控制系统，据称该系统将成为数字化战场的核心装备，其主要作用是能实时地模拟武器系统的性能，接收战场上各种数字系统的数据，为指挥官提供重新部署兵力的最佳方案，协助指挥官迅速作出决策。

旅以下指挥和控制系统，是一个软件系统，安装在战斗指挥车、各战斗车辆和攻击直升机上。该软件系统可为所有旅及旅以下指挥官提供战斗指挥能力，还可为单兵以及武器、传感器和支援平台提供数据和信息的横向与纵向的综合处理能力。该系统的各个子系统能对所有战斗、后勤支援及战斗火力报告的图形及文本信息进行存储和访问。该系统将与其他陆军战斗指挥系统互用并交换有关的数据与信息，还能为运动中的单兵及其操作的武器平台提供上述能力，其数据与信息交换方式和通信规程将在陆军战斗指挥系统的技术结构内互用。

车载信息系统（IVIS），是目前美军用于营以下实现指挥、控制和情报

"横向一体化"的自动化综合系统。它装备于 MIA2 坦克，M2A2 步兵战斗车和攻击直升机等作战平台上。由 IVIS 综合显示器、光塔电子装置及通信系统等组成，并由软件综合控制。

IVIS 综合显示器，可向指挥人员实时地显示出作战区域的地图，敌友双方部队位置，后勤保障信息，车辆诊断与预测信息，本车的坐标位置，行驶方向和速度，并且可以接收命令和情报，发送报告，使指挥员及时、准确、全面地了解战场景象。IVIS 的电子装置能够迅速处理各种传感器传来的信息（包括车辆运行数据）、目标和友军等战术数据。IVIS 采用了国防部标准的 NITF 2.0 图像传输格式和数字图像压缩技术，大大压缩的图像数据，利于图像的传送。由于数字信息传输速度快，从而极大地减少了通信业务，也减少了人为的误差。同时，命令的改变可以随时通过通信网的广播形式迅速、准确、全面地传达到各用户终端，可与一个分队内所有车辆、阵地进行准确通信联络，并可传送图像、图表、文字和数据。由于 IVIS 利用了数字技术，通过 SINCGARS 使指挥员能以"快跳频"方式，向部属发出命令，并在战场上横向地与间接火力支援分队的"数字信息设备"及"航空兵的改进的数据调制解调器"互相交换信息。坦克、步战车、火炮及飞机装备了 IVIS 后，通过实时的数字化情报信息交流，可以极大地改善数字化部队间瞄火力和空中火力之间的协同行动，有效地支持了机动作战。该系统至少有以下 5 个优点：①可以加速指挥人员作出决策的时间；②提高了对全局形势的了解；③提高了指挥员在战场关键阵地集结兵力的可能；④减少了友军间的相互误伤；⑤提高了总体作战效能。

陆军战术指挥控制系统，是战场网络的基本框架结构，综合了 5 个以计算机为基础的现代化指挥控制子系统，即机动控制、防空、情报、火力支援和战斗勤务支援系统。只有实现了它们之间的互通，战场指挥员才能迅速获取和综合信息，确定最佳作战行动，在各军兵种联合作战时正确实施指挥和控制。为了实现互通性，该系统采取的主要措施是确定通用的协调规程、系统语言、报告格式，并对每个子系统设有必要的接口；采用通用的具有连通性的硬件和软件；采用模块化、面向目标的 Ada 语言；配备了以下改进型数字通信系统：

（1）"阿法兹"高级野战炮兵战术数据系统，是美国陆军和海军陆战队共用的自动化指挥控制和协调系统。为了确保对所有火力支援设施（迫击炮、近距离空中支援、海军炮火支援、武装直升机和进攻性电子战）的规划、协调与控制，并实施火力封锁和遏制敌方目标，它可提供综合的自动化支援。该系统配备有改进型数字通信系统，以改善武器系统对环境的感知和提高火力请示速度；采用加固的通用硬件和软件；软件采用美国国防部标准化的 Ada 语言编制，每一种版本都具有附加功能，并实现了互通。按计划，该系统的第三版本每小时能处理 720 次射击任务。

（2）机动控制系统，为美陆军军和军以下战术指挥官实施部队调遣提供辅助决策手段。为了实现与其他系统的互通，该系统采用通用硬件和 Ada 语言编写的软件。在 1990～1991 年的海湾战争中该系统已初步试用。到 90 年代中期，其系统开发由最初的试验系统向目标系统发展，到 1994 年初开始批量生产。

（3）全信息源分析系统，用于接收和分析处理来自战略和战术情报传感器和信息源的数据；为实施战术部署提供计算机辅助能力；显示有关敌情的信息；迅速分发情报信息；指定目标以及支配部队建制内的情报和电子战资源；为部队行动提供安全保障。为完成这些任务，该系统必须增强其软件和硬件的通用性。为达到目标，该系统采用渐进采办计划。第一阶段计划在 1993～1995 年选定 11 支部队和训练基地优先装备。第二阶段采用通用硬件和软件向开放系统体系结构过渡。第三阶段将改进软件，以实现该系统的最终目标能力。

（4）前方地域防空指挥控制系统，用于对防空炮兵的指挥信息、分发和接收的防空炮兵的管理数据、空中目标的跟踪数据和远方传感器的数据进行自动交换。其核心部分是一个空战管理作战中心和若干个陆军空中指挥控制站，该系统传输数据的速度非常快。例如，E-3 顶警机的数据传到火炮瞄准手只需 4～9 秒钟。该系统已得到美国政府批准，投入小批量生产。最先装备 3 个轻型和特种作战师及一个训练基地。这 3 个师是第 101 空降师（空中突击师）、第 10 山地师（轻步兵师）和第 2 步兵师。美陆军重型师将于 1997 年装备该系统第二阶段研制的设备。未来的防空武器系统（如超视距武器系统和"布雷德利－针刺"导弹发射车）都将纳入第二阶段的前方地域防空指挥控制系统的管辖之下。

（5）战斗勤务支援控制系统，包括补给、维修保养、运输、医疗卫生、人事和财务等方面的工作。陆军正在购买 9000 余部战术陆军指挥和控制系统通用硬件和软件项目中的便携式计算机系统，它们是加固的非研制项目设备，具有数据入口、询问、检索、编辑、打印和传输功能。民用设备软件也执行文字处理、分类/归并、电子扩展图表、编程等任务。加固的计算机采用 16 位结构，有一个容量为 768K 字节的随机存取存储器，以及一个 67M 字节的大容量存储器。战斗勤务支援控制系统有专用的通信系统，称为战斗勤务支援通信系统网。该通信网允许行政官员和后勤官员相互交换信息，并与其他的指挥控制网中的同行交换信息。通信设备包括话音无线电系统，高频/调频/单边带无线电系统、定位/数据通信系统和传真设备。

数字化通信系统。数字化通信系统是指以数字形式处理并传送信息。计算机模拟表明：在常规情况下，缺乏数字通信设备的 4 个连中只有 2 个连能如期部署到位与敌方交战，而使用数字通信的部队，4 个连能全部部署到位投入战斗；数字通信比话音通信的错误率减少 60%，在传输速度上，连级采用数字通信向营级报告的速度几乎比采用非数字通信的快 1 倍。因此，数字通信能提高部队的反应速度、杀伤力和生存力；能使指挥员更好地协调部队；提高直射和间射武器的射击精度、协同性和时效性，特别是在应急时刻，可充分发挥间射武器系统的齐射效果，等等。可以毫不夸张地说，当作战部队普遍使用数字通信的时候，部队的作战条令、训练和设备方面都将有重大变革。为此，美陆军为未来信息战开发了 6 种新的数字通信系统。

单信道地面与机载无线电系统，是为指挥官在前沿战场实施指挥控制，提供可靠抗干扰和保密的无线电通信网。它有背负式、车载式和机载式三种型式。该系统中基本电台的通信频率为 30 ~ 87.975 兆赫，有 2320 个可用频道，重量 8.4 千克，通信距离可达 8 ~ 35 千米。美军计划采购 180000 部，其中 141500 部装备第一线部队，38500 部装备其他部队。每个陆军师将装备 3500 部电台。目前已在陆军师中装备了 28000 部。为了增强系统性能，美军还着手在系统中增加数据通信和定位报告能力，以及与公共用户系统的接口能力，并减少重量，简化操作。

陆军数据分发系统，陆军数据分发系统 ADDS，是一个专门设计用于支援陆军战术指挥与控制系统和其他战场自动化系统的战术数据分发系统，专用于数字通信，无话音通信能力，是美军为了解决话音传输与数字传输争夺线路的矛盾而研制的。它是美陆军师级和军级指挥控制系统使用的一个数据通信系统，用于在预期的电子干扰环境中提供近实时的数据分发，以提高战场信息系统的互通能力。该系统由增强型定位报告系统和联合战术信息分发系统组成。它的主要特点是采用了时分多址技术，可在 4 秒钟内进行快速数据通信，并可解决传输争夺线路的矛盾；采用跳频和扩频技术，具有较强的抗干扰能力；重量轻，背负式定位报告接收机重 10 千克，联合战术信息分发系统终端重 34 千克。虽然美军的移动用户设备系统 MSE 具有话音、数据、传真通信等多种功能，但实际使用时，主要是为分散配置的各级指挥所提供电话服务。ADDS 则可以满足数字化战场上越来越多的数字式自动化指挥、控制和情报系统的需要，专门用于在计算机之间传送数据。

ADDS 系统由实施中速数据分发的增强型定位报告系统（EPLRS）和实施高速数据分发的联合战术信息分发系统（JTIDS）的 2M 类终端结合而成，能在可预见的电子对抗环境中，在师地域内实施近实时数据的分发。EPLRS 系统是一个超高频无线电网络，由网络控制台和背负式车载式及机载大用户分机组成。用户分机内有一个数据分发模块，对步兵和车辆的定位精度小于 15 米，对机载用户小于 25 米。EPLRS 系统用户分机装备数据传输量较小的单位，如炮兵营、连射击指挥中心、火力支援小组、激光观测组以及火力支援协调组等。JTIDS 系统的 2M 类终端，也工作在超高频波段，采用了时分多址、跳频、扩频技术，装备于数据传输量较大的单位，如师炮兵和炮兵旅射击指挥中心及目标侦察单位。EPLRS 系统用户机"通话"，不但能进行点对点的传输，而且可以通过多种路由把数据送给用户，由于使用多种路由和中继台站，ADDS 系统可以用较小的输出功率工作，并覆盖较大的地域。

"军事星"军事战略与战术中继卫星系统，包括移动式战术终端和可运输式的固定式战略终端。美陆军主要研制"恶棍"单信道、抗干扰、背负式终端和"斯马特"－T移动式、保密、抗干扰、可靠的战术终端，以保障利用"军事星"进行战术通信的需"恶棍"是一种低数据率卫星通信终端，工作在极高频频段，每秒可传输75～2400比特的话音和数据。该终端重量轻，原型重量为13.6千克，后续终端可减少到5.44～6.8千克；波束窄，可降低被探测概率，因而它主要用于扩大指挥控制主链路与远距离侦察分队和特种作战部队的通信距离。"斯马特"－T终端是一种由高机动性多用途轮式车载的卫星通信终端，为战术用户提供中数据率和低数据率话音和数据通信。它不仅具有保密、抗干扰能力，而且还能扩大美陆军军和军以下移动用户设备系统的通信距离。美陆军已与3家公司签订了合同，研制42部工程样机。

联合战术信息分发系统（JTIDS），是美国于1997年正式开始研制，用于三军联合作战 C^3I 系统的一种全综合的具有多个网络和相对导航能力的TDMA（Time Division Multipe Access）时分多址、保密、抗干扰的数字信息分发系统。

该系统的容量足以为分散的战术指挥控制分队、飞机、水面舰艇、潜水艇和其他是信息源又是信息用户的分队提供保障。某种信息可在往一网络内通播，一个户可选择任意一种所需要的或指定接收的信息或分组。必要时还可以建立附加网络。

网络采取无节点结构。工作在主网络的单元能与在通信或定位网络内的所有其他单元相连接。不管哪一个单元破坏均不致削弱功能。而且任何一个终端均可起中继作用。因此，以中继方式工作的飞机只是暂时成为节点。一个联合战术信息分发系统的网络是由一组已知的伪噪声和跳频调制的码序列确定的，拥有该码序列的全体网络用户均可共享每个用户通播的信息，也可只选择需要的一些分组信息。一个信道是网络的一个重要分组。其重复率与该信道的用户数据率相等。

联合战术信息分发系统中规定一个时元为2.8分钟，这是作为时隙新编号依据的时间周期。有源网络成员必须在每个时元中至少占有一个时隙。无源网络成员只能接收，因而不必为它分配时隙。一个时元包含98304个时隙，每个时隙为 7.8125 毫秒。因此，如果在全网每隔 2.8 分钟没有信息需要进行一次以上更新的话，则每个单独的网络的容量大约为 98000 个用户或 98000 个单独的信息。一个中等周期规定为 12 秒，这只对定时工作的某个系统具有重要意义。

联合战术信息分发系统的工作频率为 965～1215 兆赫。为了最大限度地抗干扰和保密，传输脉冲利用伪噪声编码和伪随机跳频技术在整个频段内进行扩展并跳变。虽然该信息系统工作在"塔康"频段上并跨越了整个敌我识别频段，但也证明，"塔康"对它的干扰可忽略不记，因为联合战术信息分发系统的频段宽、工作周期短，并可采取不用敌我识别专用的频率的方法，避免受到敌我识别信号的干扰。

移动用户设备系统（MsE），是美陆军历史上最大、最现代化的一个保密、自动、高度机动、可快速部署和抗毁的战术地域通信系统，可在整个陆军师和军作战地域内提供数据、话音和传真通信。MsE 系统在 150×250 平方千米的作战地域内，展开完整的地域通信网，由 42 个节点中心、9 个大型用户入口节点、224 个小型用户入口节点联成一个栅格状的干线节点网，可为 8100 个用户（其中固定用户为 6200 个，移动用户为 1900 个）服务，各用户入口节点为固定有线电用户服务（主要供各独立营直至军的高级司令部使用）。移动用户由 92 个无线电入口单元（RAU）来提供服务，每个无线电入口单元按标准规定可连接 16～25 个移动用户无线电话终端（MsRT），并能保持初试呼叫成功率为 90%。无论网络用户怎样移动，也无论用户处于网络中的任何位置，都能立即建立通信联络。MsE 系统为全数字、保密、自动交换的战术通信网，使用 AN/TT－47、AN/TTC－46、AN/TTC－48V 等交换机、AN/TRC－190 接力机、AN/GRC－224 超高频设备、AN/TRC－191 无线电入口单元、AN－1035U 数字非保密话音终端、AN/VRC－97 移动用户无线电终端以及 AN/TTC－35（V）系统控制中心等设备和分系统，为用户提供机动话音、数据和传真通信，它可与战略通信网、民用通信网互通，也能和 AN/TSC－85A、AN/TSC－93A 等卫星终端互联，为师、旅两级部队在更大范围内的通信提供方便。该系统使用方便，节点一般由通信兵开设，而用户终端的装备使用则贯彻"用户拥有，用户

175

操作"的原则，用户主要任务就是使用用户的终端设备。MSE 还是一种拨号电话系统，用户只要入网即可用直接拨号的方法进行通话。系统设备全部车载，可随部队机动，一个大型分支节点开设或撤收作业，在 30 分钟内即可完成。该系统结构灵活，具有很高的冗余度，抗毁性好，在网络负荷过大时、转移时或某一部分受损时，可以自动调整通信线路，保证指挥作业的连续性。MSE 使用了泛路由搜索技术，发出呼叫的交换机可以把呼叫请示发往邻近的所有交换机，邻近的交换机也做同样的呼叫，使 MSE 抗毁性能得到增强。

该系统采用泛搜索路由和增量调制技术，可使移动和固定用户实现边疆的战场覆盖，不管指挥官和参谋人员调动到哪里，都能使用一个固定的电话号码进行通信。系统中的每个信道的传输速率为 16 千比特/秒。一个移动用户设备网可保障 5 个军、总共装备 26 个师、2 个训练基地和 20 个军的通信营。

全球定位系统，是美陆、海、空三军的一个联合发展项目。在该项目中，陆军牵头负责背负式接收机、车载式接收机和低/中性能的机载接收机的研制。这些接收机将广泛装备在陆军的所有梯队。其中小型化机载接收机已通过试验。

微型全球定位系统接收机已可从"导航星"全球定位系统接收信号。据悉，已有一种轻型精确全球定位系统接收机于 1994 年初装备部队。这是一种手持式地面接收机，能够处理全球定位系统信号、提供用户的位置、平台速度和时间信息。美陆军正在研制机载嵌入式全球定位系统接收机。该机只有一块或几块集成电路板，嵌入机载通信或导航设备中，就能在全球定位接收卫星信号。美陆军计划将之装备于一部分直升机和电子战飞机上。同时美陆军还在生产改进型微型数据调制解调器，以便使接收到的信号与诸兵种合成部队共享。改进型数据调制解调器的性能优于美陆军目前使用的机载目标信息自动传输系统，能同时传送和接收数个信道的无线电信息、能向运行车辆、直升机、联合监视与目标攻击雷达系统以及各运筹中心等传送实时的信息。

由此可见，美军已组建成完备的数字化情报侦察系统、指挥控制系统和数字化通信系统。它是以移动用户设备系统、单信道地面及空中通信系统和全球定位系统等为基础的高技术综合体，通过电子计算机利用改进的调制解调器、车载信息系统等进行各种武器系统之间的数据、图像、图表和命令等情报的实时传递，全面综合来自各种渠道的侦察数据，包括士兵、野战炮兵及飞机发回的图像和报文，由战斗指挥车等平台上运行的旅以下指挥控制系统迅速组合出战场的动态画面，利用有关设备，使下属了解其意图和目标，及时向战斗部队发布战斗行动的命令，使战场高度透明，使作战部队和各种武器系统纵横联系、信息共享一体化和精确打击，从而实现了数字化 C^3I 网络的一体化和高度自动化。

战场数字化对未来作战行动的影响

战场数字化对未来机动战的影响。由于机动战既是我军在高技术条件下的主要作战形式，又是我军主要作战对象今后一个较长时期内奉行的作战理论基础。因此，结合美军建设"数字化部队"的构想与演习试验，探讨战场数字化趋势对未来机动战可能产生的影响具有重要意义。

（1）战场数字化将实现对战场形势的"全景感知"有利实时监控，更有利于在作战中及时发现和捕捉战机。战场情报是一切作战行动的基础，对于机动战而言，要发挥其"灵活主动"的优势，更必须依赖指挥员、部队对整个战场态势全面、及时、准确的了解。数字化部队的出现与战场数字化趋势的发展，为满足机动战中的对信息情报的特殊要求提供了可能。这是因为战场数字化，将通过对指挥机关、前线部队、作战平台和每个士兵装备先进的数字化通信设备，建立起一个以数字融合技术为核心的全信息化分布网络系统，从而使战场信息的收集、处理和传递表现出传统手段所难以比拟的两大"优势"。

第一个"优势"，是能够对整个战场态势进行"全景感知"。实现战场数字化以后，以往只在师以上单位配备的战略、战术 C^3I 系统将向下延伸到装甲战斗车、主战坦克、自行火炮、战斗指挥车、侦察直升机、战术支援作战飞机、战斗勤务车辆乃至单兵。这样每一个作战平台、每一个士兵，在获取上级、友邻信息的同时，还可以利用自身装备的侦察观测装备，如摄像机、红外探测器、夜视仪、传感器等，对所处位置周围的战场环境进行侦察，并通过附加数字转换电路，将收集到的情报存储或传递给上级与友邻。这样，整个作战部队就如同一张张开的"信息收集网"，而每个士兵就好像一个个信息的"触角"。无论在地面空中，无论在前沿纵深，只要有己方部队，就能进行战场信息的搜集，把敌方的部署，行动完全"笼罩"在己方的"信息收集网"下，实现对整个战场态势的"全景"式感知。

第二个"优势"，是能够对整个战场态势进行实时监控。在高技术条件下，由于作战节奏快、情况急，指挥员以传统的信息获取手段来掌握战场态势，往往落后于战场情况的变化。以这种滞后的情报来指导实施机动战，不仅难以捕捉战机，而且还可能转陷被动。在数字化战场上，由于在作战部队间建立起了战场分布式通信区域网络，每一作战平台和单兵都能采用VHF低端频率与网络之间进行通话或数字通信，并通过单信道地面/机载无线电系统同陆军战术 C^3I 系统相连接。因此，指挥中心可以将战役级、战术级情报随时用"广播式"地传送给下属各级部队，而各级部队、单兵同时也可将自己获取的战场情报随时上报、传送给上级与友邻。这样对整个战场情况的掌握不仅是"全景式"的，而且是实时的。正如美军所设想的那样，在平视显示器上显示的数字化图像，将是一幅随着敌我情况不断变化而时时变化的动态图像，"而不再是一个由阶段线、目标和作战阵地等组成的刻板的战场几何图形"。

显而易见，通过战场数字化，实现了对战场态势的"全景式"感知与实时监控，指挥机关就能在任何时间、任何地点随机地掌握自身、友邻及敌军的方位及运动趋势。敌军的每一个失误与弱点，即使是发生在其纵深或翼侧战场，也将暴露无余，从而为指挥员有效地贯彻机动"绕过敌军正面，去打击其翼侧或后方"的指导原则创造了积极的条件。特别是通过对战场的实时监控，将大大提高战场情报的时效性和利用率，指挥员将更加及时、连续地掌握战场态势，这不仅为指挥员及早预见战机、筹划决策提供了坚实的依据，而且也为组织部队捕捉战机赢得了更充分的时间。正因此，美军也认为"通过战场数字化，来取得及时全面的信息是掌握机动战优势的关键"。

（2）战场数字化将全面提高作战行动速度，更有利于保持"始终比敌人快"的优势。"机动战的主要武器就是速度，不仅仅是运动速度，而且是一切行动的速度"。因为只有在行动上始终快于敌人，才能使敌人的反应不可避免地落后于己方连续实施的决定性行动而归于失败。所以"以快制胜，力争速决"，历来是机动战所遵循的重要原则。随着战场数字化的发展，实现了战场信息的高效流通，将全面提高作战筹划决策、命令传输、战场机动和人力反应等各环节的行动速度，更有利于在作战中始终保持"比敌人快"的优势。

筹划决策快。战场数字化，使军队指挥各个环节的自动化程度进一步提高。尤其是师以下单位的指挥自动化程度将达到一个前所未有的水平。这些部队的指挥员，将能够像战役指挥员一样，通过指挥中心的宽屏幕显示器将整个战场态势尽收眼底。与指挥中心大型数据库相连的无数条数据链将伸向战场的每一角落，把敌我双方所处的位置、行动等各种信息传送给指挥中心，指挥员可据此迅速下定决心，对情况的变化立即做出反应。同时，决策辅助系统将按照指挥员的意图提供各种备选方案，任务规划系统则可迅即制定出相应的具体行动计划。

命令传输快。指挥员一旦定下作战决心，就可将作战命令数据透明图由"电子信箱"近实时地迅速传达给分散在广阔战场上的各级所属部队，命令的制定和下达周期将由现在的几小时缩短为几分钟。同时，指挥员不必再耗费长时间接收下属的战情报告。美军称，其数字化实验部队连至营一级的报告上送速度比常规部队提高1倍。

美军空军上校博伊德认为，机动战的过程可以视为"观察、判断、决心和行动在时间上的竞争周期"。交战的任何一方，只要在该周期的各个阶段快于对手，就能取得巨大的，甚至是决定性的胜利。从上分析可以看出，在未来战场上，拥有"数字化"的军队，将在机动战"竞争周期"的每一环节，占据先敌一步的优势，从而始终能够在速度、时间和机动方面制约敌军，使敌方永远处于"被动反应"的地步，直至彻底失败。

（3）战场数字化将极大地增强作战中的控制协调能力，更有利于在非线式的战场上实现全纵深同时作战。机动战反对一成不变的、线式的、循规蹈矩的作战观念，特别是反对按模式行动的战场行为，而高度强调"部队应敢于在敌翼侧或后方大胆流动作战"的非线式战场观念。然而，在非线式的战场上，要确保各个分散、流动的部队能够统一协调的作战面临许多挑战，最突出的就是指挥失控与协同失调问题。对此，美军也认为"指挥与控制那些远离己方的部队是一个非常棘手的问题"。而在数字化战场上，这些在传统战场难以跨越的"障碍"，都将迎刃而解。这是因为，通过战场数字化，在上下级、诸军兵种和各种武器系统之间实现了信息获取、传递处理一体化，使战场上的各种要素连结成一个整体，极大地增强了战场指挥控制与协调能力。

首先，上下级之间的指挥控制能力增强。一方面，使用数字化通信系统传输指令，比使用模拟或数模混合系统更为准确，更有利于下属正确理解上级意图。美军的试验与演习表明，在同一条件下，传统模拟信号话音指令的传递准确率仅为22%，而相应的数字化信号传递准确率则高达98%，战场环境越恶劣，这种差异越明显。另一方面，作战中指挥员对情况的了解主要来自每一个武器平台、每一个士兵配备的 C^3I 系统，因而能够随时随地地掌握每一个作战单元的情况。即使是排级指挥员也能凭借其指挥官综合显示器，直接监视到所辖分队的位置和态势，大大强化了指挥控制能力。

其次，诸军兵种之间的协调能力增强。数字化战场指挥与传统指挥的一个重要差别是，后者只能强化垂直（纵向）指挥链，而前者除此之外，还可在横向上与责任地域之外的其他军兵种、友邻部队建立迅捷的信息渠道。这样，就废除了以往在各军兵种内互不相通的"烟囱式"通信系统，而使各种重要信息能够同时传送给各军兵种的各级指挥员，实现了整个战场信息的高度共享。例如各级指挥员可从不同指挥中心的显示屏上同时看到己方部队的部署与行动，每辆装甲战车通过车辆间信息系统能同时从各自的车载显示器上获知己方其他战车的位置。由于这种联络是不间断的，因而不仅大大减小了战场误伤概率，而且使各个部队均能通过自主连续的调整，以空前的精度和速度实施协同作战。

此外，作为军兵种之间协调能力增强的一个重要特征，战场武器系统逐渐趋向一体化。例如，陆军坦克和直升机的互通曾被认为是无法逾越的鸿沟，但在不久前美军举行的数字化演习中，两者已实现了接口：一架侦察直升机把目标数据传给了 MIA2 坦克，由其再召唤支援火力。由于目标数据的传输全部采用数字式通信系统，仅用 2 分钟，迫击炮即摧毁目标，使"陆军第一次几乎能像使用直瞄火力一样使用间瞄火力"。可见，在数字化的战场上，任何一件武器都不是孤立的，而是与其他武器相联系的。所有武器系统，将共同构成一个庞大的战场武器系统，协调地运用火力。从上不难看出，尽管未来机动战中，作战部队在非线式战场上将更加分散化、流动化，但通过数字化系统，无论是大规模的战役级部队，还是独立楔入敌方纵深的特种分队，都将在一张统一的"数字化信息网"中协调一致地行动，相互支援、相互配合，在战场全纵深同时打击敌人。

（4）战场数字化将大大改善战场勤务保障，最大限度地解决机动战的后顾之忧实施机动战，最大的"后顾之忧"就是战场勤务支援问题。这是因为机动作战中，各部队的部署间隙大，加之机动频繁，敌我犬牙交错，因此很难在支援与作战（被支援）部队之间建立起牢固的支援关系。一旦作战部队位置发生变化，就可能造成支援行动与作战行动脱节。尤其是突入敌方纵深的部队，面临的问题更加严峻。战场数字化的实现，将为解决这一"后顾之忧"提供极大的可能。

战场数字化的发展，使得各级保障指挥机构，乃至各种独立的保障车辆都能通过"数字化系统"，全程监控战场对勤务保障的需求情况。一方面，战场上武器装备耗损、人员伤亡情况可以较快地显示出来，保障部队可主动与被保障部队联系，并根据保障的性质和工作量，合理派出保障力量。另一方面，由于信息传递方便，保障人员在前进途中，不仅可根据情况进行有效准备，而且还可对保障对象予以有效指导。另外，由于战场变化情况能够立即反馈到保障部队，保障部队可根据战场情况，准确地判断出将要完成的保障任务，预先做好必要的保障准备，提高保障时效。特别是凭借汇集的监控数据显示，保障部门可以明确轻重缓急，合理调控物资流向，准确预测、及时支援。这样，在数字化战场上，战斗勤务保障的不再仅仅限于单纯的弹药、燃料、装备等硬件支援，而且还将包括大量的诸如"装备应急维修指令程序"等软件支援，这种软件支援将极大地提高作战部队的自我保障能力。

战场数字化，对战场后方勤务保障的改善，还突出表现为"数字化"极大地提高了单兵的战场生存能力。士兵 C^3I 系统的装备，将使单兵的通信、定位、敌我识别，战场态势了解等能力空前强化，其最终结果是在提高单兵战斗力的同时，也提高了其生存能力。例如，士兵计算机装有敌我识别程序，它能把士兵输入的可疑车辆的特征与数据库中存储的数据加以对比，给出正确的匹配图形显示，并提出防范措施。目前美军正在研制的第二代士兵 C^3I 系统，要求能对另一单兵进行实时敌我识别，并在 0.5 秒内把识别结果用数据网传给指挥中心。另外，由于士兵携带有全球定位系统，任何时刻都知道自己所在位置，一旦自己或同伴受伤，就可以迅速引导抢救组直接赶去伤员所在地，并可在救治组赶到之前，利用头盔上的电视摄像机，接受医生的互救指导，以争取时间，挽救更多按常规通信方式和救送程序耽误了时间而失去生命的伤员。综上所述，战场数字化趋势，不仅为机动战在高技术条件下发挥其原有的巨大作用创造了更为有利的条件，而且还为解决其以往所面临的诸多问题提供了极大可能。因此，可以肯定地说，战场数字化趋势，将为机动战注入更大的活力，机动战仍将是未来高技术战场上的主要作战形式。

数字化发展对人类社会的巨大改变

信息社会与比特时代

现代科学技术的发展使人类社会进入了一个新的时期，无所不在的信息成为当今社会的重要特征。美国未来学家阿尔温·托夫勒充满乐观地对人类社会的未来作了种种预测，认为未来社会的形态是信息爆炸、知识成为财富的信息社会。然而，托夫勒所指的信息只是泛泛地指代随着广播、电视、报纸、杂志、小说在整个社会的流行而带给人们的新知识（密码信息）。虽然我们毫无疑问地生活在信息时代，但大多数信息却是以报纸、杂

计算机操作

志（原子）等形式传播的。当今社会正在发生一场新的技术革命——数字化信息革命。这次革命的特点是数字化，它将带来人类社会发展的新时代。在这样一个时代，信息的最基本单位就是比特。比特正在迅速取代原子而成为人类生活中的基本交换物。比特没有颜色、尺寸或重量，能以光速传播，它就好像人体内的 DNA 一样，是信息的最小单位，因此，又叫"信息 DNA"。原子的时代是工业时代，比特的时代是数字技术带来的后信息时代。现在人们常用的"信息高速公路"的含义就是以光速在全球传播没有重量的比特，而"多媒体"（通常是指声音、图像和数据的混合）不过是混合的比特罢了。数字技术的发展无疑将促使人类在经历过农业文明、工业文明后跨入一个全新的文明阶段。

184

人工智能是数字化的趋向和表现

由于计算机有记忆、运算能力，所以人们希望用它来实现人的智能活动。这些活动包括识别、分析、推理、判断、学习等。1956 年诞生的人工智能学科，就是研究如何利用机器来实现人的智能活动的科学。

深蓝计算机系统

由于人工智能的难度超过预想，它的进展也远远落后于计算机科学本身。然而，人类在实现了自动化以后，需要实现智能化。因此科学家们对人工智能一直在进行锲而不舍的研究。美国IBM的"深蓝"计算机战胜棋王卡斯帕罗夫以及在日本大阪举行的机器人世界杯足球赛就引起公众对人工智能的关心。

人工智能经历着艰难而曲折的过程。

早期的人工智能被用于解难题、游戏、下棋等方面，并取得了不少成绩，使人对它抱有不切实际的乐观。然而，一旦将它用于解决实际问题，便暴露出它的弱点，最著名的例子便是机器翻译的失败。于是20世纪60年代人工智能走向了低谷，直到70年代专家系统取得成功，才使人工智能又恢复了活力。总结人工智能发展中正、反两方面的经验，人们知道了知识在智能中所起的重要作用。早期机器翻译的失败，就在于没有充分利用有关知识。由于语法和词语的多义性，必然导致翻译出来的东西前后矛盾、笑话百出。以"Time flies like a narrow"这样简单的句子为例，便有三种不同的译法。第一种译为"时间像箭一样地飞"，即"光阴似箭"；第二种可译为"时蝇喜欢箭"；第三种可译为"像箭那样对苍蝇计时"。单从语法和词义上看，这三种译法都可以，但如果结合知识来判断，只有第一种译法才是正确的。

鉴于知识对智能的重要作用，1977年便从人工智能中分化出"知识工程"这一新学科，成为人工智能的基础技术。知识工程所要研究解决的是如何使计算机有效地利用知识。

由于知识工程是以知识作为信息处理的对象，因此需要区分知识和数据之间的差别。首先，数据是信息的明显表示，而知识则是信息的含蓄表示。例如"中国有13亿人口"就是一个数据型信息，因为"13亿"这个信息很明确，可直接利用。而"感冒时一定不要淋雨"尽管也是日常生活中的普通常识，而且"淋"字也有明确意义，但"不要淋"具体指什么并不明确，这就是知识型信息。如果要使计算机明白它的含义，就必须告诉计算机，所谓"不要淋"是指不要出门，还是出门时要带雨具。

185

由于许多知识都是用自然语言表示，因此以计算机作为工具来处理知识，目前还有许多困难。但是，目前知识已被应用到人工智能的各个领域中，特别是专家系统和机器翻译。鉴于知识对智能的重要性，所以"深蓝"也配备有一个庞大的数据库（知识库），它收集了近100年来世界最高水平棋手对弈的棋谱，还收集了许多残局，也就是终局前5步棋的棋谱。目前，这一数据库已收集了超过10亿个棋谱。它对"深蓝"战胜棋王，发挥了巨大作用。

认知科学是使人工智能取得突破的关键，数字化技术的应用是人工智能的重要方式。人工智能所以进展缓慢，根本原因在于：人对自己的脑子是如何工作的，人是怎样认识事物的，人的智能是怎么一回事等许多问题还没有完全搞清楚。只有弄清这些问题才能使人工智能取得突破性进展，使计算机、机器人变得更加聪明，能为我们做更多的事。于是，融信息科学、哲学、心理学于一体的边缘学科——认知科学便应运而生。认知科学主要研究人的认识原理、智能本质、人脑是怎样进行信息处理等问题。根据对心和脑之间关系的不同认识，目前认知科学分成两大流派，即符号主义和连接主义。

符号主义认为，认知（智能）的基本元素是符号，认知过程是对符号表示的运算。人类的语言、文字和思维都可用符号来描述，而且思维过程只不过是这些符号的存储、变换、输入和输出。总之，其为心和脑的二元论者，认为心和脑是可以分离的。由于人类的思维被认为能用符号来描述，所

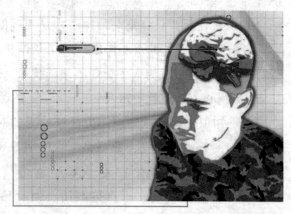

人工智能

以只要把这种描述表示出来，让能够处理符号的机器进行运算，那么实现认知便没有什么困难。所以它认为实现认知的关键，便是如何把知识表示

为计算机能够认识的符号。这是人工智能诞生以来一直采用的基本方法。多年来的实践经验表明，它在一定程度上是成功的。这次"深蓝"的原理也是立足于这一理论上。它战胜棋王也说明符号主义仍然可以解决实际问题。

与之相反，连接主义认为符号是不存在的，认知的基本元素就是神经元（神经细胞）这个实体本身。认知过程是大量神经之间的相互连接以及这种连接所引起的神经元产生不同兴奋状态的过程。其认为心和脑是不可分离的，因为离开了神经元的连接，也就无从进行信息处理。连接主义是在出现了神经计算机后才出现的，是对传统符号主义的挑战。需要指出，虽然这两大流派存在巨大的分歧，但它们都承认人脑是智能的物质基础，而思维则是某种形式的信息处理过程。符号主义在解决一些较简单的问题时是成功的，但存在很大局限性。因为人的许多思维过程难以用符号表示。一些涉及模糊性的事物，如人的相貌、心情便无法用符号描述。甚至像"什么样的鸟能飞"这样简单的事情，也难以滴水不漏地描述出来。如果回答："除鸵鸟、企鹅……之外，一切鸟都能飞。"那么还会提出："死鸟会飞吗？"即使把死鸟排除在外，还存在"翅膀受伤的鸟能飞吗"之类的问题。就以机器人参加足球赛来说，对来球的情况，便难以用符号描述。

连接主义由于不用符号，所以不存在难以描述的困难。它已在视觉处理、识别和理解以及语音识别上显示出优势。但是为了实现柔性很大的连接，对计算机的硬件和软件要求都更高了。在可以预见的未来，这两种流派将同时并存，取长补短，各有其用武之地。

人工智能的成功应用——专家系统。人工智能的应用大体上可分为3大类：专家系统、模式识别（包括图像识别、语音识别、机器翻译等）、行动规划（如计算机下棋、机器人足球赛等）。其中，最容易实现和取得最大成功者，是专家系统。专家系统是一种计算机软件，它使计算能像专家一样解决某一类问题，所以俗称机器专家。它是人工智能得到最广泛应用的分支。

1979年美国三里岛核电站事故以及1986年苏联切尔诺贝利核电站的灾难性事故，都是由于没有及时对故障做出正确判断造成的。

美国三里岛核电站

随着科学技术的发展，人们需要在错综复杂、瞬息万变的情况下及时做出正确判断，否则就会引起严重后果，如对大型电站、化工厂的生产过程控制，国民经济的宏观决策等。对这些事情，如果完全由人来做出判断，有时难免会发生失误。因为人的反应速度远不如计算机，而且因主观、片面、遗忘等造成"智者千虑，必有一失"。因此有专家系统帮助人类一起来做出判断、决策，便可取长补短、相得益彰。

此外，人类专家的数量总是有限的，经验丰富的为数不多，无法满足所有求诊患者的要求。如果专家系统能同名医一样进行诊断、开方，就可以有效地解决名医（专家）不足的矛盾。再说，每个专家都有自己的专长和不足，如果把许多专家的绝招都教给专家系统，便可以集思广益、博采众长。而且人总会衰老、死亡的，及时把处于巅峰时期的专家经验教给专家系统，就可以系统整理、总结专家的经验，并使其不至于失传。

总之，人类迫切需要专家系统这样的助手，而且这种需要是多方面、多层次的。70年代在知识工程的支持下，出现了第一批专家系统。早期专家系统的杰出表现，使它获得社会承认。其中最著名的例子是美国华盛顿州大钼矿的确定。自第一次世界大战以来，人们便想确定它的主矿床所在，但由于地质构造过于复杂，历时半个世纪都未能解决。最后靠找矿专家系统轻而易举地找到了主矿床。建立专家系统，就是要收集、整理专家的知识，并将其整理成计算机能够利用的形式存入知识库中。当要解决问题时，计算机从知识库中取出有关的知识，经过推理，便可像专家一样得出结论。所以专家系统中，以知识库和推理机构最为重要，它们是专家系统的核心。

智能化是推动人工智能发展的动力，人类在实现自动化之后便要求实现智能化。如在工业生产中大量使用机器人实现自动化后，便希望机器人有高度智能，能在更复杂环境下面对千变万化的情况，自觉地进行工作，以便能把机器人用到第一产业、第三产业，全面地取代人的工作。让机器人参加世界杯足球赛，也就是要达到这一目正是人类要实现智能化的伟大目标，成为推动人工智能不断发展的动力，改变我们生活的智能技术。随着科学技术的飞速发展，各种高技术不断涌入我们的世界，正在改变着我们的生活、工作，也改变着我们的认识。融入一定智慧的各类智能技术，正在悄悄走近我们，并将会成为21世纪技术的焦点。

智能机器人

另外，美国最近合成出一种能贮藏和释放热量的塑性智能伪装技术。美国波士顿城郊的陆军研究与发展中心的一些科技专家多年来一直在研究"自适应色彩技术"，其中一项就是智能仿生伪装技术，对人和装备进行伪装。这种智能仿生伪装是采用能改变光输出量的光敏器件和材料作为织物的基础纤维，并与背景色（环境颜色）光传感器和微电脑组合，依靠计算机的比较处理功能，控制织物纤维的光输出量，并让光谱的成分与背景色接近，已达到伪装的目的。

目前荷兰正在一段 10 千米长的高速公路上试验用智能灯照明，这种灯的发光强度由电脑控制，并与当时的气候条件和车流量相适应。据该试验研究人员格贝尔·福勒介绍，这是世界上首次使用智能灯照明。在进行该试验的高速公路沿线，设置了一些小型气象站，这些气象站可随时测定天气状况，并将测量信息发送给中心电脑；在公路的地面上铺设了压电材料制作的感应器，将路面上的车流量及路况信息传送给中心电脑。中心电脑根据这些信息再向智能灯发送指令，令这些灯发出不同等级的光。

重构人类社会

比特时代的 4 个重要特征是分散权力、全球化、追求和谐和赋予权力。人类社会将按照这四个特征最终走向数字化生存。数字化生存代表的是一种生活方式、生活态度以及每时每刻都与电脑为伍。人类社会现有的政治、经济、文化等各个方面将产生质的飞跃，社会结构将重组，人类社会生活也将

数字化重构人类社会

产生巨大改观。具体说来，有以下几个明显特征：

1. 国家逐步让位于电子社区

西方传播学巨匠马歇尔·麦克卢汉早在 20 世纪 60 年代就提出地球正在变成一个小小的"环球村"，之后，托夫勒等人进一步发展了他的思想。数字技术的出现将使传统的以河流、海洋，甚至石墙作为边界的国家跨越物理边界。在数字化世界里，距离的意义越来越小，电子社区形成并将在未来社会中逐步取代国家的界限，当今意义上的城市社区和农村社区不过是一个单纯的地理概念，社会结构将被网络重组，"社区"的概念将超越地理区位，不再限于邻里关系，人们在电子空间里通过精神交往形成具有共同归属感的新的联合体。互联网络用户构成的社区将成为日常生活的主流，其人口结构将越来越接近世界本身的人口结构。……网络真正的价值越来越和信息无关，而和社区相关。信息高速公路不只代表了使用国会图书馆中每本藏书的捷径，而且正创造着一个崭新的、全球性的社会结构！当然，科技的延伸不意味着民族国家的消亡。在未来社会中，新的政治团体或利益集团将涌现出来，民族主义可能重新抬头，民族网络将成为全球正在涌现的各种网络的一部分。

从世界范围来看，如今的政府组织和管理体系是工业时代的产物，与工业化的行政管理的需求和技术经济环境相呼应，已经存在了 200 年以上。传统的公共行政与公共管理作为一门学科，诞生于 20 世纪发达的资本主义国家，距今已有上百年的历史。漫长的历史过程造就了适应大机器工业时代的政府形态，即权力集中、法规众多、职能广泛、程序繁杂、规模庞大、多层次、多部门、人员众多的以"管"为中心的大政府模式。这种科层制金字塔模式如果说在过去的工业时代是成功的话，那么，在迅速发展的信息社会里，它已经明显地表现出不能适应这个新时代的要求。目前，全世界的政府几乎都面临着相同的问题，即缺乏服务意识和公共服务导向、财政赤字、规模庞大、效率低下、缺乏创新与活力、腐败诸多问题。这些问题已经在一定程度上影响到政府的威信和公民对政府的信任。尤其是新经济的发展和全球性的竞争形势对现有政府的改造造成了越来越大的压力，越来越多的国家政府已经感觉并理解了信息技术对政府直接或潜在的影响，力促政府信息化，发展电子政务，构建"电子政府"已经成为一个世界潮流。目前，世界各国电子政务发展的目标除了不断地改善政府、企业与居民三个行为主体之间的互动，使其更有效、更友好、更精简、更透明和更有效率外，更强调在电子政务的发展过程中对原有的政府结构及业务活动的组织方式和方法进行重要的、根本的改造，从而最终构造出一个信息时代的政府形态。

2. 社会控制的紊乱与重组

尽管互联网络可以超越国界，然而，即使包括数字技术本身在内，都不可避免地存在着一个信息的社会控制问题。数字技术为人类社会开辟了社会发展的新纪元。而且这种技术发展是不以人的意志为转移的。但是，它并不是完全存在于技术的真空当中，而是与人类社会的现实交互作用。这种作用表现在2个方面：①数字化革命无疑将引起一场巨大的产业革命和社会革命，改变人类传统的社会控制方式；②未来社会中民族、种族或其他形式的政治团体和利益集团为维护自身利益而对数字技术的选择和驱动。

（1）从数字技术对人类社会的冲击来看，随着比特时代的到来，传统的社会控制手段将变得不合时宜。所谓传统的社会控制手段，是指整合当今社会的军队、警察、监狱等国家权力以及法律、道德、宗教、风俗习惯和各种制度。这种社会控制的作用有2个：①政治统治的手段，②社会秩序的保障。数字技术带来人类活动的全球化，随着廉价易用的通信技术把世界各地的人们联系在一起，将逐步形成一种环球文化。届时，地域文化将萎缩，几百种语言将消失，新型文化和语言将出现，人们可以为了共同的目的组织团体。原有的价值体系、信仰体系和道德评判体系将被打破并重新建立，阶级、国家观念将被重新改写，个人的自主性增强，脑力劳动者的许多活动，由于较少时空的依赖性，将能更快地超越地理的限制。在比特时代，个人的人身依赖关系、等级制度和国家权力作为传统社会的政治统治的社会控制的基础不再赤裸裸地存在。许多法律变得不合时宜，新的宗教可能会出现，网络礼仪将要改写传统的道德观念。

（2）从人类社会对数字技术的控制来看，比特时代将建立一种新的社会秩序。秩序是任何社会存在的前提，对信息进行适当的控制是人类社会安全、文明、和谐的重要保证。当然，社会控制既有积极的一面，也有消极的一面。数字技术不仅带来了进步，也带来了诸如知识产权、个人隐私、网络犯罪、信息污染等方面的问题。所以信息的有效控制既要保证比特的自由放送，又要让先进的信息和娱乐服务在符合大众利益的情况下得到更多的发展。

（3）从政治团体或利益集团的自身利益来看，数字化革命将引发一场争夺信息优势的"战争"，也就是争夺对信息的控制权。有人曾经提出"信息边界"的问题，认为"信息边界"是一种无形的、划分各个国家或政治团体"信息疆域"的不规划界线。"信息疆域"是国家或政治团体信息传播力和影响力所能达到的无形空间。"信息疆域"的疆界、"信息边界"的安全，关系到一个民族、一个国家在信息时代的兴亡。毫无疑问，数字技术为人类社会带来新一轮的残酷的生存选择，正如随着工业文明的到来，西方国家疯狂的对外扩张和资源掠夺一样，比特时代将是一个伴随着阵痛而到来的时代，而这种阵痛也许是人们最不愿意看到的未来景象之一。

3. 社会分层将重新界定

数字化革命不仅带来国家权力的失落，也对人类社会生活产生重大的解构作用。未来社会将按一定的标准重新对社会进行分层。分层是社会的客观存在，也是社会运行的内在要求。在当今，通常用财富、威望和权力来划定社会分层，亦即经济标准、社会标准和政治标准三重标准。在比特时代，这三重标准都将产生倾斜。

（1）随着比特时代的到来，现有的许多经济发展概念将不再具有意义，现存的经济秩序也将发生一场巨大的变革。信息行业将取代制造业，昔日的工业巨头、金融巨头面临着日益严重的挑战，而"正在加速运动的创造财富的新系统日益依靠数据、信息和知识的交换。它是'超级信息符号'经济。"……新的英雄人物不再是蓝领工人、金融家或者经理，而是能将想象性的知识与行动结合起来的革新家。在比特时代，贫富差距将逐渐加大。数字技术肯定会带来财富，却不能保证平均分配财富。所以，有钱的人可能更有钱，而穷人中的赤者则可能还像过去几个世纪一样穷困潦倒。数字技术既可以造就富豪，也可以造成穷人。每个人在比特时代中都蕴藏着发大财的机会，而随着技能和知识的不断更新，人们可能会以前所未有的速度加入到失业的行列，而长期的失业将使他们生活在贫困当中。

（2）由于数字技术的发展，个人所处的社会环境也发生了变化。过去，地理位置相近是友谊、合作、游戏和邻里关系等一切的基础，而现在的孩子们则完全不受地理的束缚。数字科技可以变成一股把人们吸引到一个更和谐的世界之中的自然动力。在比特时代，人们结缘于电脑空间，形成"比特族"或"电脑族"，并且逐渐创造出一种全新的生活方式。在整个地球的社交圈子中，人们根据兴趣、爱好、能力等形成不同的身份群体。在未来社会，可以形成电子领导人或网络社团的领袖，也可以形成利用网络空间犯罪的罪犯和从事色情服务的电脑妓女。他们在未来社会获得不同的声誉和威望，并影响他们在社会分层中的位置。

（3）传统的政治权力让位于"网络权力"。高度集中的金字塔式纵向权力结构，在横向传播的信息冲击下，将转向新的平行网络式结构。政府的权力趋于分散化，集中和专制将让位于分权和民主。同样的分权心态正逐渐弥漫于整个社会之中，这是由于数字化世界的年轻公民的影响所致。传统的中央集权的生活观念将成为明日黄花。未来社会的权力基础不再是暴力和财富，而是信息和知识。并且，由于信息传播的全球化，任何通过封锁、控制信息来压制民主、实行专制统治的行为都注定要走向失败。我们可以预见，比特时代的人类社会将出现新的等级划分。"计算机通"和"计算机盲"之间将产生巨大的鸿沟。年纪较大、生活较贫穷及没有接受更多教育的人在比特时代中可能寸步难行。既拥有知识又掌握比特的人将生活在社会的上层。而且，未来社会的等级制度将趋于简单化，传统的官僚体制被抛弃，而代之以日益开放的信息交换系统。

4. 社会互动的内涵扩大

传统社会（传统社会是相对于未来社会而言的，主要是指比特时代以前的当代社会）的社会互动主要是指人与人、人与群体或群体与群体之间，借助语言、文字等符号进行的交互作用、交互影响的社会交往活动。社会互动是社会关系产生的基础。在比特时代，社会互动被赋予新的内涵。

（1）符合系统网络化。传统社会的互动符合系统借助交谈、书信、电话、电报等来完成。在数字化时代，个人电脑飞速发展，移动计算、全球网络和多媒体被广泛应用。在21世纪中，电子邮递很可能成为最主要的人际通信媒介，而且在未来15年中，它将与声音通信并驾齐驱，甚或凌驾于声音通信之上。互联网络将成为社会互动的主要符号，长此以往，能够在互联网络上投入时间和智慧的人将越来越多，互联网络也将变成一个人类交流知识与互助的网络。

（2）大众传媒简单化。在未来社会中，大众传播媒介不再是报纸、广播、电视、杂志、书籍等多种传播手段的集合名词，而是电脑。未来的电视（比特电视）就是电脑，人们可以在电脑上加个置顶盒，把它变成有线电视、电话或者是卫星通信的电子信息。未来的电视可以选择15000个频道，人们可以随选信息，未来的电视和广播信号都将采用非同步传播的方式，不是变成点播式的，就是利用"广捕"方式。……"广捕"指的是比特流的放送。通常是把一串携带了庞大信息的比特放送到空中或导入光纤。接收端的电脑捕捉到这些比特，检验它们，然后丢弃其中的大部分，只留下少数它认为你可能以后会用得着的比特。数字技术会改变大众传播媒介的本质。今天，人们也许无法避开无所不在的信息和娱乐，总是处于被动接受的位置；明天，则可以主动地选择信息和娱乐，可以直截了当地要求或含蓄地暗示某种信息。"推"送比特给人们的过程将变成"拉"出想要的比特的过程。大众传媒将被重新定义为发送和接收个人化信息和娱乐的系统。

（3）互动方式多样化。①人机交互成为可能。在比特时代，社会互动已不仅仅局限于人与人、群体与群体之间。随着电脑人性化界面的发展，人类与电脑相互交谈成为可能。说话、指点、眼神作为一个多模式界面的不同部分共同工作，电脑将变得更像人，甚至电脑可以有自我意识和独立的人格。电脑可以帮人做家务和处理信息，可以理解人的手势、眼神和谈话内容。②虚拟现实技术的广泛应用。美国科幻巨片《侏罗纪公园》让人们体验到计算机模拟技术和虚幻现实的惊人效果。在未来社会中，许多东西都将由虚拟现实代替，如教育、飞行模拟、驾驶训练、足球比赛或者军事演习等。比特时代的大人和孩子们还可以用这种方式自娱。③非同步的交流增多。面对面的谈话或两个人在电话上交谈都是实时的同步交流。在比特时代，非同步的交流增多，人们可以留下口信，也可以在空闲的时候处理电子邮件。而且，电子邮递并不像写信那么正式和缓慢费时，也不像电话那么扰人。人们可以让电脑排出讯息的优先次序，并以不同的方式来发送这些讯息。人们可以遵循有规律的生活，而不必被迫准时去处理一些不必要的同步交流信息。

（4）人际沟通间接化。在数字化世界里，人与人之间面对面的沟通减少，人们通过电子邮递、通过网络来交流思想、观点，传递感情，未来社会可能被夸张地形容为"网络社会"。人与人之间的交往更具有事本主义色彩，交际虚幻，在交往中较少感情的全面投入，人的内心世界被掩藏起来。个人更加注重自我，人与人之间互动的选择性增强，人们可以有选择地拒绝他人的网上访问，也可以通过网络一夜之间寻访到成千上万的朋友。人们购物、工作、开会、学习、求职、看病等都可以通过网络得以完成，而不需身临其境。

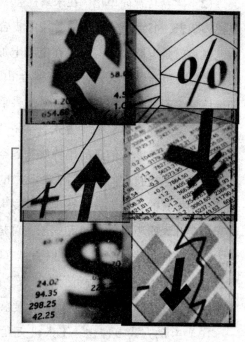

数字化社会形态

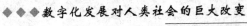

5. 经济发展高速增长

比特时代的到来不仅改变了人类社会生活的面貌，也加速了未来经济的高速发展。

（1）全球生产力将扶摇直上。数字技术使生产的自动化程度和工作效率大幅度提高，比特成为比原材料和能源更重要的战略资源。人们可以通过电脑坐在洁净、安全、舒适的办公室或家里监督作业。在21世纪，信息产业将成为全球最大的产业。

（2）产业结构将发生深刻变化。近20年来，随着信息技术的应用，世界产业结构特别是西方发达国家的产业结构不同程度地发生了变化：第一二产业在国民生产总值中的比重不断下降；第三产业长足发展；信息产业迅速崛起。信息化已成为一种全球推进的历史性趋势，美国信息产业的年增长率已相当于传统产业的3~5倍。到20世纪末，美国信息产业的年收入超过1万亿美元，而日本信息产业占国民生产总值的20%，产值超过145万亿日元（约合5000亿美元）。比特时代无疑是信息产业的时代，信息业将成为全球经济的新的增长点。

（3）全球经济一体化。在比特时代的经济发展中，网络是新全球经济的核心，自由市场和自由贸易将成为全球经济的主流，计算机和通信网络把全球的金融、市场、商品、技术、劳动力、工业设备、服务、娱乐、生产等联为一体，产生了世界一体化经济。产品生产实现了国际化，在不同的地区可以分别生产同一产品的不同部件，然后组装结合。人们使用共同的国际标准，生产国际用户想要的产品，地方产品将慢慢消失。比特时代是一场全面的社会变革，它将对人类未来社会的政治、经济、文化、艺术、教育、道德等各个方面产生巨大的影响，未来社会甚至将超越人们最大胆的预测。

数字化对人类社会的负面效应

数字化时代也为人类社会带来了一些负面效应，主要表现在以下几个方面：

（1）将在一定时间引发全球性的社会动荡。如前所述，数字技术的发展给人类带来了新的财富，网络逐渐侵蚀了国家的界限。在数字化时代，一部分人的权力被剥夺了，新一轮的权力分配重新开始，全球文化将吞并弱小文化。同时，全球性的暴力手段并未消失，一些政治团体或民族、种族实体为维护自身利益可能会制造动荡。而且，对比特控制权的争夺也将加剧这场混乱。因此，在一定时期内，将造成人类社会的不稳定。但是，如果人们能够为了人类的整体利益携起手来，这场动荡或许会成为比特时代到来的催化剂。

（2）人群分裂，人际关系冷漠化。网络将把人们分为各个不同的利益群体。随着国界的淡忘，网络将变得越来越大而且越来越重要，世界也许会分裂为华人网络、印度人网络、环境网络、医疗网络、妇女网络、金融网络等不同的网络群体。网络将改变社会生产和生活方式，加深人与人之间的疏离。社会互动以电脑作为中间媒介，人与人之间的直接沟通减少，人际关系淡化，人情趋于冷漠，世态更加"炎凉"。

（3）高科技犯罪增多。数字技术的发展也为犯罪提供了方便，利用信息网络从事高科技犯罪将成为比特时代的一大社会问题。犯罪分子可以进入网络空间，从事盗窃活动和经济诈骗，也可以从事色情贩卖，或进行电子赌博等。任何利用计算机技术知识作为基本手段的非法活动即称为计算机犯罪。在发达国家，利用计算机进行犯罪活动始于20世纪60年代，70年代案件恶性膨胀，80年代已构成日益严重的社会问题。目前，计算机犯罪主要集中在机密信息系统和金融系统。它对国家安全和防御、政治经济、科学技术和社会生活构成了严重的破坏和威胁。

1983年5月12日，伦敦的大通银行接到哥伦比亚中央银行的计算机指示，将1350万美元通过纽约的大通银行过户到纽约的摩根信托保证银行，又继续周转到苏黎世的以色列哈普林银行，再转至巴拿马的一家银行，由于同案犯没有提取现金的正确文件，这笔款项又一次回转到欧洲，同年11月案发，涉及12人作案。

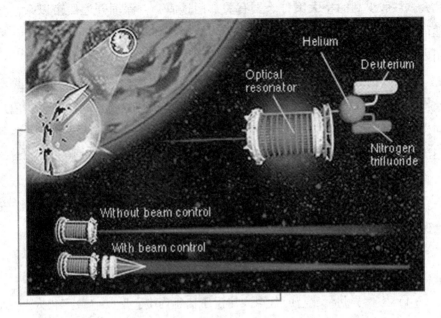

星球大战

1986 年 5 月联邦德国的 4 名罪犯，利用计算机改变信用卡上的磁带密码，骗取 10 万马克。后案发被捕。

1988 年联邦德国汉诺威大学计算机系的学生巴蒂亚斯·斯佩尔，将自己的计算机同美国军方和军工承包商的计算机联网，在 2 年时间里窃取了大量美国国防机密，其中有美国的"星球大战"计划、北美防空司令部的核武器和通信卫星方面的情报。

由于美国国家航空航天局在全世界的数据网的保密系统存在缺陷，被联邦德国的计算机爱好者钻了空子，这些人窃取了某些关键字，进入美国航天局的数据网，于是通过自己的计算机屏幕就可以看到有关航天飞机研究合同系统的安全调查和助推火箭事故等内容，并可接触这一数据网用户的电子信件，甚至可以使整个数据网陷入瘫痪。

在我国，1986 年深圳发生第一起利用计算机窃取储户存款的案件。几年来，我国银行系统共发生利用计算机盗窃、贪污、挪用现金等犯罪案件上百起，涉及款项数千万元，最大一笔竟达 1500 万元之多。

1992 年底，某证券公司发现一起内部工作人员利用计算机挪用 80 多万元公款炒股谋利的特大案件。据有关部门透露，自深圳开通股市以来，各地证券公司已发生多起内部工作人员，特别是计算机程序员和操作员，采用内外勾结的方法，挪用公款炒股案件。

还有目前最为棘手的电信欺诈问题，案犯自空中拉截电波，利用计算机及特殊软件解译密码，再把这些窃取的密码植入手机空机，炮制与合法用户同样号码的手机无偿使用，而通讯费用由原号码的合法持有者支付。这些利用计算机进行犯罪活动的不法分子，不仅偷取电话录音，盗窃私人长途电话密码，非法解密软件，而且利用先进装置来进行欺诈及其他犯罪活动。

面对猖獗的计算机犯罪，国务院发布了《中华人民共和国信息系统安全保护条例》。这样可使我国的计算机安全问题有法可依，有章可循，可以有效地遏制计算机犯罪的势头，增加打击力度，促使我国的计算机事业健康发展。

（4）人性异化。比特时代个人淹没于信息当中，形成"数字化人"。人们往往对高新技术能作出迅速反应，但逃避现实，不愿与人交往，对他人漠不关心，个人主义流行，安全感差；个人隐私虽具有一定匿名性，但传播受众面积大，速度快；各种变态行为、心理疾病增多；人与人之间缺少信任感，人性异化。

（5）贫富差距加大、"信息至上主义"流行、信息污染、信息欺骗等种种负面效应对未来社会都将产生不良影响，应当引起足够重视与研究。

人类社会未来数字化前景展望

在未来的计算与网络无处不在的信息社会中，人们在日常生活中想做到的一切：购物、出售东西、在银行取款、支付账单、更新驾照、查阅文献、订阅新闻、学习、授课、协同工作、娱乐休闲、交友谈情、投资赚钱等等，而一个最大的不同是，他们实现这一切时将变得轻而易举，因为信息无处不在，联网终端无处不在，你可以随时查到任何想要查到的信息，得到任何难题的解决支持，在任何地方都能随时做出行为决策……

　　在未来的一个典型的智能化家庭中，不但内部的所有电器都连在一起，而且还与互联网融为一体，它们共同构成一个智能化的生活环境：空气探测器会随时监测空气中的灰尘，当它超过一定的标，会对人类的健康造成危害时，空气探测器就会自动启动空气湿润装置，当空气中的烟雾超过一定的度时，空气探测器又会向火警机器人发出警报；通过电脑，你就可以收看有线电视节目，并且在你不在的时候，电脑会按时启动自动下载程序，将你喜欢的节目保存起来；电脑还可以帮你买菜，当冰箱中的菜的重量轻于某个数，这个信息就会传到电脑上，然后电脑会对所连接的商场的菜价单进行自动比较，并为你从网上购买到最便宜的菜，通过家务机器人为你添加到冰箱中……

　　在未来的企业中，数字化的设备随处可见，为企业的管理和日常的工作提供最大的便捷，同时也会成为经济社会的一种趋势；

　　在未来的艺术与娱乐生活中，数字化的应用更加广泛，艺术与现代化技术的结合让艺术的光辉大放异彩；

　　航天和军事领域配备了数字化的装备，实现最前沿、最尖端的技术融合……

　　在未来的人类社会中，数字化是一种必然！